AF542100

Volker Oertel & Petra Wolf

Früchte, Gemüse & Nüsse

Superfood für Papageien, Sittiche, weitere Ziervögel + Ziergeflügel

Praktische Fütterung • Einsatz • Wirkungsweise • Nährstoffe

Vorwort

Die Vogelhaltung hat in den letzten Jahren bezüglich einer artgerechten Haltung und bedarfsgerechten Ernährung einen immensen Aufschwung erfahren. Dieser bezieht sich sowohl auf eine artgerechte Haltung, wie auch eine bedarfsgerechte Ernährung. Auf dem Speiseplan steht eine Vielzahl verschiedenster Komponenten, mit denen das Ziel verfolgt wird, die Fütterung an die Gegebenheiten im originären Biotop anzulehnen. Entsprechend dem natürlichen Habitat stehen dann neben einheimischen auch viele exotische Früchte sowie Gemüse und Nüsse auf dem Speiseplan, die Dank der Globalisierung am Markt das ganze Jahr über zu erwerben sind.

Doch lohnt sich der Aufwand des Angebotes und die damit verbundenen Kosten?

Mit dem vorliegenden Buch sollen die einzelnen Komponenten beschrieben - und auf ihre wertbestimmenden Inhaltsstoffe eingegangen werden. Erstmals enthält das Buch auch eine Tabelle mit den wichtigsten Nährstoffgehalten verschiedener Obst- und Gemüsesorten.

Dabei wird neben Papageien, Sittichen, Waldvögel und Prachtfinken erstmals auch auf Weichfresser, Kanarien und Ziergeflügel eingegangen!

Und selbst „wer keinen Vogel hat“, bekommt wichtige Informationen zu Früchten, Gemüsen und Nüssen, die ja auch in der menschlichen Ernährung von Bedeutung sind.

Grundsätzlich haben wir uns in diesem Buch bemüht, eine für alle verständliche Wortwahl zu finden – wo es nicht ohne Fachbegriffe ging, wurden diese in einem separaten Kapitel erklärt.

In allen Bereichen flossen unsere praktischen Erfahrungen mit ein – wir betonen ausdrücklich, dass es sich hierbei teilweise um persönliche Eindrücke handelt. So ist es nicht auszuschließen, dass Ihre Vögel vielleicht ganz andere Vorlieben bei der Auswahl der Komponenten haben. Wie dem auch sei, schlagen Sie nach, was Sie ihren Vögeln mit den Komponenten Gutes tun.

Wir wünschen allen ebenso viel Spaß beim Lesen, wie wir bei der Erstellung dieses Buches hatten.

Volker Oertel & Petra Wolf

Inhaltsverzeichnis

Zu einer ausgewogenen Ernährung von Ziervögeln in Menschenobhut gehört unbestritten auch das tägliche Angebot von frischem Obst und Gemüse. Oftmals werden aus Gewohnheit oder Zeitmangel heraus allzu oft – wenn überhaupt – immer wieder dieselben Komponenten (z. B. Apfel oder Möhren) angeboten. Der Speiseplan kann jedoch wesentlich abwechslungsreicher gestaltet werden.

Seien Sie jedoch nicht enttäuscht und geben Sie nicht gleich auf, wenn Ihr Papagei oder Sittich den von Ihnen mit viel Liebe zubereiteten Obst- oder Gemüsesalat nicht sofort akzeptiert. Viele Ziervögel benötigen eine gewisse Zeit, um sich an diese neuen Komponenten zu gewöhnen.

Füttern Sie dabei bitte auch in Maßen. Ein überreiches Angebot führt nur zu einer nicht gewollten Futterverschwendung. Der Vogel beißt dann etwas ab und lässt den Rest fallen. Erst später oder am nächsten Tag wird dann weiter gefressen. Da Obst und Gemüse in der Regel auch höhere Zuckergehalte haben, neigen sie zu einem raschen Verderb. Sie sollten daher nicht gefressene Reste am jeweiligen Tag noch entfernen, um zu vermeiden, dass die in Verderb übergegangenen Obst- und Gemüsereste gefressen werden.

Mit dem Angebot von Obst und Gemüse werden gleichzeitig immer auch feuchtigkeitsreiche Komponenten angeboten. Wird gleichzeitig etwas über das Tränkwasser verabreicht, was das Aussehen oder den Geschmack des Tränkwassers ändert, weicht der Vogel auf die Aufnahme dieser Saftfutter aus und deckt hierüber die Flüssigkeitsaufnahme. In diesem Fall macht die Applikation eines Supplementes (z.B. flüssiges Vitaminpräparat) über das Tränkwasser wenig Sinn.

Daneben enthalten Obst und Gemüse Ballaststoffe, welche die Verdauung des Vogels fördern. So enthalten beispielsweise Äpfel und Möhren eine leicht verdauliche Rohfaser, das sogenannte Pektin, welches die Mikroflora (Mikrobiota) im Dickdarm stabilisiert. Nicht zu vernachlässigen ist, dass viele Gemüse auch beachtliche Mengen an Eiweiß enthalten und somit gerade in der Aufzucht von Jungvögeln eine unerlässliche Proteinquelle darstellen. In grünen Pflanzenteilen sind hohe Gehalte an Carotin (Vorstufe des Vitamin A) enthalten, die vom Vogel in Vitamin A umgewandelt werden. Daneben sind auch andere Vitamine (z.B. Vitamin C) erwähnenswert.

Gerade Obst, aber auch einige Gemüsesorten, enthalten beachtliche Mengen an Zucker. Das schmeckt den Vögeln zunächst, bedeutet aber auch, dass diese Komponenten recht schnell verderben können (zuckerreiche Lebensmittel neigen zu einem schnellen Besatz mit Hefen).

Neben den Rohnährstoffen enthalten viele Früchte auch weitere, besondere Inhaltsstoffe. So enthält Ananas das Enzym Bromelain, welches nicht nur eine entzündungshemmende und abschwellende Wirkung hat, sondern auch die Verdauung unterstützt.

Obst und Gemüse können als Ganzes, in Stücken oder gerieben gereicht werden. Daneben ist das Angebot von Obst- und Gemüsesäften sowie von Smoothies möglich. Je länger Obst und Gemüse gelagert werden, desto höher ist der Vitaminverlust. Ebenso verliert es an Feuchte, was sich negativ auf die Produkteigenschaften auswirkt. Zur optimalen Lagerung eignet sich eine kühle Lagerungstemperatur, eine höhere

Luftfeuchtigkeit sowie eine dunkle und frostsichere Lagerung. Daneben besteht die Möglichkeit, Obst und Gemüse einzufrieren, allerdings mit der Gefahr, dass Zellwände durch diesen Vorgang aufgerissen werden und dass Fruchtsaft beim Auftauen verloren geht.

Viele Obst- und Gemüsesorten können auch im getrockneten Zustand als Trockenobst und -gemüse angeboten werden und sind dann auch sehr beliebt (so werden frische Feigen nur bedingt gefressen, während getrocknete Feigen eine hohe Akzeptanz haben). Durch den Trocknungsprozess ändert sich die Zusammensetzung der Nährstoffe. Da Wasser einen „verdünnenden Effekt" hat, werden bei Entfernen des Wassers die Energie- und Nährstoffgehalte angereichert. Um die einzelnen Obst- und Gemüsesorten mit unterschiedlichen Wassergehalten hinsichtlich ihres Nährstoffgehaltes miteinander vergleichen zu können, wird im Folgenden so getan, als wenn diese zu 100 % trocken sind (Angaben pro g oder kg Trockenmasse).

Sie können Obst und Gemüse selbst trocknen. Schneiden Sie es hierzu in kleine Stücke oder Streifen und trocknen Sie es bei schwacher Hitze im Backofen (Backofentür hierbei einen Spalt geöffnet lassen, damit die nach oben steigende Feuchte entweichen kann).

Im Folgenden soll nun auf übliche Obst- und Gemüsesorten in der Fütterung von Ziervögeln eingegangen werden. Neben einer allgemeinen Beschreibung werden Besonderheiten der Frucht sowie ihre Einsatzmöglichkeiten in der Vogelfütterung dargestellt.

Frauenlori beim Obstverzehr

Superfood – Hintergrund und Wirkungsweisen

In einer Welt, in der das Normale nur noch Durchschnitt und alles schneller und besser – eben SUPER – ist, war es zu erwarten, dass auch einige Lebensmittel (Food) eben besser sind als andere: SUPERFOODS. Doch was zeichnet ein solches Lebensmittel aus? In diesem Kapitel sollen die Hintergründe für den Einsatz von Superfoods beleuchtet werden und welche Wirkungsweisen ihnen nachgesagt werden.

Die in diesem Buch aufgeführten Lebensmittel weisen alle eine unterschiedliche Zusammensetzung auf. Entsprechend dieser Variation in den Gehalten haben wir sie in unterschiedlichen Gruppen zusammengefasst: Obst, Gemüse, Salate und schließlich Samen und Saaten.

Obst

Obst zeichnet sich durch höhere Gehalte an Ballaststoffen (Kohlenhydrate) aus. Diese enthalten lösliche Zucker (Glukose, Fruktose, Saccharose, Maltose und Oligosaccharide) sowie lösliche Fasern wie Zellulose, Hemizellulose, Lignin und Pektine (Zellulose und Lignin sind allerdings nur in geringem Umfang verdaulich).

Lösliche Zucker stellen eine rasch verfügbare Energiequelle dar. Jeder, der einmal Traubenzucker gegessen hat, weiß um dessen Wirkung. Dieser Effekt ist immer dann gewünscht, wenn Energie sofort zur Verfügung gestellt werden muss. Diese Zuckerverbindungen sind es aber auch, die zu einem raschen Verderb von Obst führen können: Zuckerhaltige Substrate sind immer auch ideale Nährböden für Hefen und Schimmelpilze. Dieses sollte beim Anbieten von Obst nie vergessen werden.

Daneben enthält Obst aber auch Hemizellulosen und Pektine. Bei Pektin handelt es sich um eine „weiche Faser", die beispielsweise in Äpfeln und Birnen vorkommt. Beim Abbau dieser Fasern im

Magen-Darm-Trakt des Vogels werden flüchtige Fettsäuren frei (z.B. Propionsäure, Buttersäure). Diese Fettsäuren stellen zum einen ein günstiges Nährsubstrat für die erwünschten Darmbakterien dar, die damit regelrecht „angefüttert" werden. Damit stellen die Pektine in der Ernährung von Vögeln ein Praebiotikum (= Nährsubstrat für die Bakterien, die man vermehren möchte) dar. Darüber hinaus sind sie eine wichtige Substanz für die Enterozyten, d.h. die Zellen der Darmwand, die hierdurch ernährt werden.

Den älteren Jahrgängen unter Ihnen dämmert jetzt vielleicht, warum man in der Jugend bei Durchfallerkrankungen einen geriebenen Apfel bekam. Zum einen stellte er eine schnell verfügbare Energiequelle dar, um den Kreislauf zu unterstützen, zum anderen stabilisierte er die Darmflora und half, dass sich die erwünschten Bakterien wieder vermehrten und gegen die pathogenen Keime durchsetzten.

Neben den Ballaststoffen enthalten viele Obstsorten zudem höhere Gehalte an Vitamin C, welches nachweislich eine unterstützende Wirkung auf das Immunsystem hat.

Gemüse

Viele Gemüsesorten haben einen höheren Gehalt an Eiweißen (Proteinen), die für den Muskelaufbau unerlässlich sind. Proteine regen zudem die Thermogenese im Körper an, d.h. es werden im Körper indirekt mehr Kalorien verbraucht. Hierdurch wird einer Verfettung vorgebeugt. Dies gilt allerdings nur bis zu einem gewissen Umfang. Wird zuviel Eiweiß aufgenommen, belastet das zum einen die Nieren, letztendlich wandelt der Körper den Überschuss aber auch in Fett um und es kommt zur Verfettung (Adipositas) der Vögel.

Viele Gemüse enthalten β-Carotine, die Vorstufe des Vitamin A, welches von Bedeutung für das Immunsystem, aber auch die Fruchtbarkeit ist. Daneben enthält Gemüse auch höhere Mengen an Vitamin D. Dieses sorgt dafür, dass Kalzium in die Knochen transportiert wird, und sichert somit die Knochenstabilität und –gesundheit. Zudem sorgt es auch für eine Einlagerung von Kalzium in die Eischale, die somit eine ausreichende Stabilität bekommt.

Viele Gemüse haben zudem ein antioxidatives Potenzial, welches sich auf Inhaltsstoffe wie Phenole oder Flavonoide zurückführen lässt, welche freie Radikale abfangen.

Salate

Diese Blattgemuse enthalten in erster Linie Ballaststoffe, welche die Darmtätigkeit unterstützen und somit dazu beitragen, dass sich pathogene Keime nicht an die Rezeptoren im Darm anheften können. Der Hauptbestandteil der Salate ist Wasser (im Durchschnitt 90 %), weshalb sie die Wasserversorgung des Vogels maßgeblich verbessern und helfen, die Nieren zu spülen. Durch diesen hohen Wassergehalt ist der Energiegehalt der Salate eher gering, damit eignen sie sich hervorragend im Rahmen ei-

nes Diätplans bei Fettleibigkeit. Die grüne Farbe der Salate ist auf das Chlorophyll zurückzuführen. Dieses ist hilfreich beim Aufbau neuer Zellen sowie bei der Wundheilung und unterstützt den Köper bei der Ausschleusung giftiger Substanzen. Hinzuweisen ist auf den hohen Magnesiumgehalt des Chlorophylls. Magnesium hat eine direkte Wirkung auf das Nervensystem und hier eine allgemein beruhigende Wirkung.

„Go green! Essen, trinken und leben Sie grün“. Das ist ein neuer Slogan aus dem Humanbereich, der auf diese Wirkungen setzt.

Samen und Saaten (inkl. Nüsse)

Fettreiche Samen und Saaten weisen erhebliche Gehalte an ungesättigten Fettsäuren, Zink sowie Selen und Vitamin E auf. Vitamin E und Selen sind Radikalfänger, d.h. sie wirken im Körper als Schutz gegen oxidativen Stress. Ungesättigte Fettsäuren werden häufig auch als gesunde oder gute Fette bezeichnet. Ungesättigte Fettsäuren sind Bestandteil der Zellmembranen und sorgen dafür, dass diese durchlässig und damit funktionsfähig bleiben. Zudem sind mehrfach ungesättigte Fettsäuren entzündungslindernd und Vorstufen von Hormonen. Sie wirken sich positiv auf das Herz-Kreislauf-System des Vogels aus und beugen so z.B. einer Arteriosklerose vor.

Insgesamt handelt es sich bei Superfood somit um verschiedenste natürliche Lebensmittel, die einen besonderen gesundheitsfördernden Inhaltsstoff besitzen und daher einen gesundheitlichen Nutzen inklusive Detox-Effekt aufweisen sollen.

Die antioxidative Wirkung, d.h. die Effizienz, mit der Sauerstoffradikale abgefangen werden, wird dabei in ORAC-Werten angegeben. ORAC ist die Abkürzung für oxygen radical absorbance capacity. Dabei ist zwischen fett- und wasserlöslichen Antioxidantien zu unterscheiden. Zu den fettlöslichen gehören beispielsweise Carotinoide, die besonders häufig in Möhren, aber auch grünen Gemüsen vorkommen, zu den wasserlöslichen gehören Anthocyane (z. B. in Heidelbeeren).

Inwiefern die im Labor ermittelten ORAC-Werte und die unterstellten Wirkungen im Körper tatsächlich zusammenhängen, kann zum augenblicklichen Zeitpunkt noch nicht eindeutig gesagt werden, es ist aber unbestritten, dass Obst und Gemüse eine gesundheitsfördernde Wirkung haben.

Palmkakadu beim Genuss einer Nuss

Begriffliche Erklärungen

Fachbegriffe Ernährung

Um das Verständnis des Textes und dort verwendeter Begriffe zu erleichtern, werden im Folgenden kurze Erklärungen der wichtigsten Inhaltsstoffe und sonstiger im Zusammenhang mit Obst, Gemüse und Nüssen relevanter Fachausdrücke gegeben. Die Aufzählung erfolgt in alphabetischer Reihenfolge:

adstringierend
Der Begriff kommt aus dem Lateinischen: adstringere = zusammenziehen. Adstringierende Substanzen sind Stoffe, die bei Kontakt mit der Haut oder Schleimhaut durch chemische Reaktionen austrocknend, blutstillend oder entzündungshemmend sind. Adstringierende Substanzen kommen z.B. in der roten Johannisbeere vor.

Aflatoxine
Es handelt sich um ein Toxin, welches von Schimmelpilzen produziert wird. Bei der Pilzart handelt es sich um Aspergillus flavus, der hauptsächlich auf ölhaltigen Samen und Nüssen vorkommt. Aflatoxine verursachen Leberschäden.

Alkaloide
Alkalische Stoffe in Obst und Gemüse. Sie enthalten Stickstoff und entstehen als Endprodukte des pflanzlichen Stoffwechsels. Die Alkaloide dienen den Pflanzen als Fraßschutz und greifen nach Aufnahme in das Stoffwechselgeschehen ein. Zu den Alkaloiden gehören Chinin und Berberin (in vielen Obstsorten enthalten), die antibakteriell wirken. Auch Steroide, die als Hormone im tierischen Organismus viele Funktionen haben, gehören in diese Gruppe.

Aminosäuren
Kleinste Eiweißbausteine, die in essentielle (müssen dem Organismus über die Nahrung zugeführt werden) und nicht-essentielle (werden vom Organismus selber gebildet) Aminosäuren eingeteilt werden.

Antioxidans
Verhindert die chemische Verbindung eines Stoffes mit Sauerstoff und damit die Autoxidation (z.B. Ranzigwerden von Fetten). Vitamin E ist ein natürliches Antioxidans, welches in fettreichen Nüssen vorkommt, um diese vor einem Fettverderb zu schützen.

Ballaststoffe
Bestandteile der Nahrung, z.B. Zellulose und Hemizellulose (Rohfaser), die ausschließlich in pflanzlichen Nahrungsmitteln vorkommen und von den Enzymen des Magen-Darm-Traktes nicht aufgespalten werden und folglich nicht oder nur teilweise verwertet werden können. Dennoch sind sie wichtig für die Ernährung, da sie erheblich zu einer normalen Darmfunktion beitragen und blutzuckerregulierend wirken.

Biotin
Wasserlösliches Vitamin der B Gruppe, wird auch als Vitamin H bezeichnet. Die Hauptwirkung liegt in der Verstoffwechselung von Fett und Kohlenhydraten. Wichtig für Wachstum und Entwicklung von Haut, Federn, Nerven und Knochenmark.

Blausäure
Bittermandelartig riechende, stark giftige, die Atmungsenzyme inaktivierende chemische Substanz.

Bromelain
Eiweiß spaltendes Enzym, das u.a. zur Verdauung und zur Blutgerinnung beiträgt. Ananas enthält höhere Mengen an Bromelain.

Chlor
Nicht metallisches Spurenelement; Chloridionen werden in Form von gelöstem Kochsalz (NaCl) aufgenommen und sind wichtig für das Säure-Basen-Gleichgewicht und helfen den Flüssigkeitswechsel zwischen den Zellen (Osmose) zu regulieren.

Chrom
Spurenelement; wird im Glukose-, Eiweiß- und Fettstoffwechsel sowie bei der Insulinproduktion benötigt.

Eisen
Spurenelement; wichtiger Bestandteil vieler Enzyme und zentraler Bestandteil des Hämoglobins und damit wichtig für die Sauerstoffversorgung des Körpers.

Enzyme
Kompliziert gebaute, hochmolekulare Eiweiße. Es sind Katalysatoren der lebenden Zelle, die schon in geringsten Mengen wichtige biochemische Reaktionen im Körper ermöglichen und steuern. Enzyme werden in erster Linie in der Bauchspeicheldrüse gebildet und von dort in den Dünndarm eingeleitet.

Ethylen
Einfachster ungesättigter Kohlenwasserstoff. Spielt als Phytohormon eine große Rolle im Obstbau.

Fettsäuren
Bestandteil von Fetten. Man unterscheidet gesättigte (hauptsächlich tierischen Ursprungs) und ungesättigte Fettsäuren (hauptsächlich pflanzlichen Ursprungs, z.B. Linolsäure und Ölsäure). Zu erwähnen sind die mehrfach-ungesättigten Fettsäuren (Omega 3- und 6-Fettsäuren), die eine entzündungshemmende Wirkung haben.

Folsäure
Wasserlösliches Vitamin der B-Gruppe; wird im Aminosäurenstoffwechsel benötigt, wichtig bei der Zellteilung und für die Bildung der roten Blutkörperchen.

Fluor
Spurenelement; hilft beim Aufbau der Knochen.

Fruchtsäuren
Es gibt eine große Zahl organischer Fruchtsäuren, z.B. Apfel-, Wein- und Zitronensäure. Diese unterstützen das erfrischende Aroma der Früchte und wirken appetitanregend sowie verdauungsfördernd.

Fruktose
Eine auch als Fruchtzucker bezeichnete Zuckerverbindung, die – meist gemeinsam mit Traubenzucker (Glukose) – in süßen Früchten vorkommt. Sie besitzt die stärkste Süßkraft aller Zuckerarten.

Gerbsäure
Adstringierende Säure; Hauptvertreter der Tannine.

Glukose
Eine auch als Traubenzucker oder Dextrose bezeichnete Zuckerverbindung, die in allen süßen Früchten – meist zusammen mit Fruchtzucker (Fruktose) – vorkommt.

Hypervitaminose
Schädigung des Körpers durch zu reichliche Vitaminzufuhr. Vitamin-Überdosierungen sind generell nur bei fettlöslichen Vitaminen (A, D, E, K) möglich, die

im Körper gespeichert werden. Bei Papageien werden Hypervitaminosen bei ständig überhöhter Zufuhr von Vitamin A und Vitamin D3 beobachtet. Dabei hat Vitamin A eine krebserregende Wirkung, Vitamin D führt zu einer übermäßigen Einlagerung von Calcium in Weichgewebe (z.B. Nieren oder Aorta).

Jod
Spurenelement; ist lebensnotwendig für die Funktion der Schilddrüse.

Kalium
Mineralstoff, welcher in Körperflüssigkeiten vorkommt. Wichtig für die Aufrechterhaltung des Flüssigkeitshaushaltes und für den Transport der Nährstoffe im Körper.

Kalzium
Mineralstoff, der sich im Körper in den Knochen einlagert. Wird zum Knochenaufbau benötigt. Wichtig bei Impulsen zwischen Nervenzellen und der Muskelkontraktion.

Kobalt
Spurenelement; Bestandteil des Vitamin B12.

Kohlenhydrate
Aus Kohlenstoff, Wasserstoff und Sauerstoff bestehende organisch-chemische Verbindungen. Zu ihnen zählen u.a. die verschiedenen Zuckerverbindungen, Stärke und Zellulose.

Lecithin
Phosphorhaltige, fettähnliche Verbindung, die in allen Zellen enthalten ist.

Magnesium
Mineralstoff; mobilisiert die Enzyme, welche im Fett-, Kohlenhydrat- und Eiweißstoffwechsel benötigt werden. Essentieller Bestandteil von Knochen, wichtig bei der Muskelrelaxation (= Muskelentspannung). Magnesium ist außerdem das Gegenion zum ATP4-, dem „Hauptakku" für chemische Energie im Körper.

Mangan
Spurenelement; wird für das Knochen- und Knorpelwachstum benötigt.

Mineralstoffe
Meist als Mineralsalze der chemischen Elemente wie Kalium, Kalzium, Magnesium, Phosphor usw. in den Lebensmitteln enthalten. Dienen dem Körperaufbau oder üben lebenswichtige physiologische Wirkungen aus.

Molybdän
Spurenelement; wichtiges Antioxidans.

Natrium
Mineralstoff; verhindert übermäßigen Wasserverlust im Körper und trägt so zum Gleichgewicht des Flüssigkeitshaushaltes bei.

Niazin (Nikotinsäure)
Wasserlösliches Vitamin der B-Gruppe; wird für die Gesunderhaltung der Haut sowie die Funktionstüchtigkeit des Magen-Darm-Traktes und des Nervensystems benötigt.

Nikotinsäureamid
In manchen Gemüse- und Getreidesorten vorkommende chemische Verbindung mit Vitamincharakter; erfüllt zusammen mit Vitamin B2 wichtige Funktionen im Zellstoffwechsel.

Pantothensäure
Wasserlösliches Vitamin der B-Gruppe; spielt eine

Rolle bei der Gesunderhaltung der Haut, beim Wachstum und bei der Entwicklung des Nervensystems.

Papain
Eiweiß spaltendes Enzym.

Parasorbinsäure
Organische Säure, die als Bestandteil in Früchten, Samen und pflanzlichen Ölen vorkommt. Wirkt u.a. als Abwehrstoff gegenüber Bakterien.

Pektine
Aus mehreren Bestandteilen zusammengesetzte, kohlenhydratähnliche Stoffe, die zu den löslichen Ballaststoffen gehören. Sie werden im Dickdarm mikrobiell abgebaut, wobei flüchtige Fettsäuren entstehen, die als Nährsubstrat für die Mikroflora wie auch die Darmzellen dienen.

Phasein
Durch längeres Kochen zerstörbarer giftiger Eiweißbestandteil von rohen Gartenbohnen.

Phosphor
Mineralstoff; wird für Bildung, Wachstum und Erhaltung der Knochen und der roten Blutkörperchen benötigt.

Provitamine
Vorstufen von Vitaminen, die mit der Nahrung aufgenommen und im Organismus in Vitamine umgewandelt werden, z.B. β-Carotin als Provitamin A, das in Vitamin A umgewandelt wird. Alle grünen Pflanzen enthalten höhere Mengen an Provitamin A, besonders carotinreich sind zudem Möhren.

Schwefel
Mineralstoff; ist ein wichtiger Bestandteil bei der Bildung von Hormonen. Schwefelhaltige Aminosäuren haben unter anderem eine wichtige Funktion bei der Kollagenbildung.

Selen
Spurenelement; wichtiger Bestandteil von Enzymen, Antioxidans. Kommt vor allem in fettreichen Nüssen vor und fängt zusammen mit Vitamin E freie Sauerstoffradikale ab.

Silizium
Chemisches Element; wichtig für Knochenwachstum, Haut und Membranen.

Spurenelemente
Chemische Elemente, die in der Nahrung und in der Körpersubstanz in sehr geringen Mengen enthalten sind. Zu ihnen zählen u.a. Fluor, Zink, Jod, Kobalt, Mangan, Molybdän und Selen. Sie sind lebensnotwendig.

Tannine
Aus Blattgallen von Pflanzen gewonnene Gerbsäuren.

Vitamin A
Retinol; fettlösliches Vitamin; in Pflanzen als β-Carotin (Provitamin A) enthalten; Bestandteil des Sehpurpurs, wichtig beim Zellwachstum. Da Vitamin A im Körper gespeichert wird (v.a. in der Leber), kann es zu Hypervitaminosen kommen.

Vitamin B1
Thiamin; wasserlösliches Vitamin; wird benötigt für Schilddrüsenfunktion, Nerventätigkeit, Abbau der Kohlenhydrate usw.

Vitamin B2
Riboflavin; wasserlösliches Vitamin; verantwortlich für Stoffwechselvorgänge sowie die

Entwicklung von Eiern und Jungvögeln.

Vitamin B6
Pyridoxin; wasserlösliches Vitamin; wichtig für die Bildung roter Blutkörperchen und zur Verhütung von Blutarmut.

Vitamin B12
Cobalamin; wasserlösliches Vitamin; lebensnotwendig für die Funktionen aller Zellen; wird für die Funktionsfähigkeit des Nervensystems und der inneren Organe benötigt.

Vitamin C
Ascorbinsäure; wasserlösliches Vitamin; schützt das Immunsystem, hilft bei Ermüdung, schlechter Wundheilung, Blutungen usw. Antioxidans.

Vitamin D
Calciferol; fettlösliches Vitamin; nötig für die Resorption von Kalzium und Phosphor und zum Aufbau von Knochen und Blut. Wird im Körper aus Vorstufen gebildet, wobei das Sonnenlicht zur Umwandlung des Provitamins in Vitamin D dient. Da Vitamin D im Körper gespeichert wird, kann es zu Hypervitaminosen kommen.

Vitamin E
Tocopherol; fettlösliches Vitamin; wird zur Resorption bestimmter Fette vom Körper benötigt und reguliert den Sauerstoffverbrauch. Antioxidans.

Vitamin K
Fettlösliches Vitamin; Bestandteil der Blutgerinnungskaskade. Wird für die Futtermittelindustrie auch als künstliches Vitamin K3 hergestellt.

Zink
Spurenelement. Bestandteil von Enzymen; wichtig für Zellwachstum, Immunsystem und bei der Bildung von Testosteron. Die Spermaqualität beim Hahn hängt maßgeblich von der Zinkversorgung ab.

Zucker
Zusammenfassende Bezeichnung für eine Reihe einfach gebauter Kohlenhydrate, die gut wasserlöslich sind und mehr oder weniger süß schmecken. Die wichtigsten Zucker sind Glukose, Fruktose und Saccharose. Zucker sind leicht verdaulich und rasch verfügbare Energiespender.

Spanischer Gesangskanarienvogel Timbrado Espanol

Definition Vogelarten

Unter jeder Sorte finden Sie in diesem Buch die Eignung für eine Gruppe von Heimvögeln ausgewiesen. Das Häkchen unter der jeweiligen Gruppe zeigt Ihnen an, wenn die Sorte für die Fütterung geeignet ist, und zwar für:

- **Großpapageien** (Amazonen, Aras, Edelpapageien, Graupapageien, Kakadus)
- **Großsittiche** (Australische Sittiche, Edelsittiche, Südamerikanische Sittiche)
- **Kleine Papageien** (Unzertrennliche, Langflügel-, Rotsteiß- und Weißbauchpapageien)
- **Wellensittiche**
- **Kanarien**
- **Wald- und Finkenvögel** (Europäische und Exotische Körnerfresser)
- **Weichfresser** (Europäische und Exotische Weichfresser)
- **Ziergeflügel** (Wachtel und Fasane)
- **Prachtfinken** (Wir gehen hier eher von den weit verbreiteten australischen Arten, wie den Zebrafinken aus. An diese sollten nur zuckerarme Sorten verfüttert werden!)

Zwar zählen Nymphensittiche systematisch zu den Kakadus, in der praktischen Haltung, so auch in ihrer Ernährung im Hinblick auf Früchte, Gemüse und Nüsse, fallen sie jedoch unter die Großsittiche. Diese Einordnung ist auch hier im Buch erfolgt.

Großpapagei

Nymphensittich

Großsittich
Waldvogel
Kleinpapagei
Weichfresser
Ziergeflügel
Wellensittich
Prachtfink
Kanarienvogel

Obst

Apfel

Alle heutigen Apfelsorten – es gibt mehrere Tausend – gehen auf die Form *Malus domestica* zurück, die ihrerseits wahrscheinlich aus dem Zwergapfel, *Malus pumila*, und dem sibirischen Holzapfel, *Malus silvestris*, entstanden ist.

Herkunft und Geschichte

Die genaue Herkunft ist unbekannt. Der Apfel wächst auf allen Kontinenten; er zählt zu den am längsten kultivierten Früchten der Erde. Schon in der Antike galt er als Symbol der Fruchtbarkeit; in der christlichen Mythologie ist er die verbotene Frucht der Erkenntnis.

Lagerung

Äpfel sollten nicht über-, sondern nebeneinander an einem kühlen, dunklen Ort gelagert werden. Der Verlust von Feuchtigkeit macht die meisten Äpfel schrumpelig. Durch den Feuchtigkeitsverlust kommt es zu einer Anreicherung der Nährstoffe, insbesondere des Zuckers. Aus diesem Grunde sind die reifen Äpfel besonders süß und schmackhaft.

Inhaltsstoffe

Äpfel enthalten nur geringe Mengen an Eiweiß. Bei den Vitaminen dominiert das Vitamin C. Hinzuweisen ist auf die Ballaststoffe, insbesondere das Pektin (weiche Faser). Glauben Sie bitte nicht, dass Sie „dicke Vögel" mit der Gabe von Äpfeln abspecken können. Die Fruchtzucker stellen eine hervorragende Energiequelle dar.

Verfügbarkeit

Da der Apfel, wie bereits erwähnt, weltweit in großen Mengen angebaut wird, ist er jederzeit zu sehr moderaten Preisen erhältlich und stellt aus diesem

Grund wahrscheinlich das beliebteste Obst in der Fütterung von Vögeln dar. Bevorzugen Sie regional produzierte Produkte oder noch besser: teilen Sie sich mit Ihren Nachbarn einen Apfelbaum. Viele Gartenbesitzer sind auch froh, im Herbst dankbare Abnehmer zu finden.

Fütterungshinweise

Der Apfel enthält keine unverzehrbaren Teile – deshalb kann er in allen möglichen Formen gefüttert werden: sei es schnabelgerecht in kleine Stücke geschnitten in einer Schale, wahlweise auch vermischt mit dem Körner- oder anderem Futter, im Ganzen auf einen Nagel oder ähnliches aufgespießt, mit Hilfe eines Stückes Draht aufgehängt.

Die Vögel lieben es, aus den ganzen Äpfeln Stück für Stück das saftige Fruchtfleisch herauszubeißen. Beim Ziergeflügel reicht es auch, einen Apfel auf den Boden zu legen; hier werden dann kleine Stücke herausgepickt.

Nicht bewährt hat sich das Darreichen geviertelter Äpfel. Selbst kleinere Vogelarten versuchen, solche Apfelviertel „wegzuschleppen"; meist werden diese aber irgendwann zu schwer oder zu unhandlich und fallen schließlich zu Boden, wo sie in der Regel liegen bleiben. Da gekaufte Äpfel meist gespritzt sind, sollten sie vor der Verfütterung gut gewaschen werden. Ziehen Sie mit einer dicken Nadel einen Baumwollfaden durch den Apfel und hängen diesen dann auf. So liegt der Apfel nicht auf dem Boden. Je nach Höhe können sowohl fliegende Vögel (Finkenvögel, Papageien) oder weiter unten auch Ziergeflügel davon fressen. Dadurch, dass sich der Apfel bewegt, sind die Tiere zudem über die Futteraufnahme beschäftigt. Auch Apfelringe können angeboten werden.

Haben Sie keine Angst vor den Kernen, diese enthalten zwar in geringen Mengen Blausäure, die Vögel können aber gar nicht so viele Kerne aufnehmen, dass es zu gesundheitlichen Problemen kommen könnte. Und auch ein Wurm wird von den Vögeln als leckere „Füllung" dankbar angenommen.

Seien Sie allerdings vorsichtig mit dem Einsatz von Äpfeln bei Wellensittichen, die an Macrorhabdiose (früher Megabakterien) erkrankt sind. Der Zuckergehalt der Äpfel verschlimmert die Krankheit.

Bei Loris können Sie halbierte Äpfel mit der Schnittfläche nach oben in eine Schale legen. Loris drücken den Saft mit der Pinselzunge heraus.

Sonnenvogel

Tipp Wie oben beschrieben, enthalten Äpfel höhere Gehalte an Pektin. Hierbei handelt es sich um eine weiche Faser, die im Dickdarm der Vögel verdaut wird. Dabei werden Stoffwechselprodukte frei, die ein wichtiges Nährsubstrat für die Darmschleimhaut und die Mikroflora im Darm sind. Geriebene Äpfel im Aufzuchtfutter helfen somit, beim Jungvogel eine ungestörte Verdauung im Darm aufzubauen. Bei Vögeln, die zu Verdauungsstörungen neigen, haben Äpfel eine stabilisierende Wirkung auf die Magen-Darm-Verhältnisse.

Geeignet für

Groß-papageien	Großsittiche + Kleinpapageien	Wellen-sittiche	Kanarien	Wald- und Finkenvögel	Weichfresser	Ziergeflügel	Prachtfinken
✓	✓	✓	✓	✓	✓	✓	✓

Apfelsine

Die Apfelsine (*Citrus sinensis*) – im Volksmund auch als Orange bekannt – ist eine der bedeutendsten Vertreterinnen der Rautengewächse (*Rutaceae*). Sie zählt zu den am häufigsten vermarkteten Obstsorten der Welt.

Herkunft und Geschichte

„Apfelsine" bedeutet so viel wie „Apfel aus China" – womit die Herkunft des „goldenen Apfels" bereits geklärt wäre. Bereits vor etwa 3.000 Jahren wurde die Zitrusfrucht zwischen Nordostindien und Südwestchina kultiviert.

In der zweiten Hälfte des 15. Jahrhunderts brachten die Portugiesen die Pflanze in den Mittelmeerraum. Durch Kolumbus gelangte die Orange 1493 nach Haiti, von wo aus sie sich über das südliche Nordamerika ausbreitete. Die bedeutendsten Apfelsinenproduzenten sind heute Spanien, die USA, Brasilien, Mexiko und Israel. Im Laufe der Jahrhunderte entstand eine schier unendliche Vielfalt verschiedener Sorten, die in Aussehen und Geschmack mitunter sehr stark variieren können.

Lagerung

Bei Zimmertemperatur halten sich reife Früchte (sie sind schwer und groß, weisen keine Druckstellen auf und fühlen sich nicht ganz hart an) etwa eine Woche, im Kühlschrank auch länger.

Die Farbe spielt – weil sie oft sortenabhängig ist – keine große Rolle. Man sollte beim Kauf darauf achten, nur unbeschädigte Früchte zu erhalten.

Inhaltsstoffe

Wohl kaum eine andere Frucht wird mit der Vitamin C-Versorgung so stark in Zusammenhang gebracht wie die Orange. Neben Vitamin C enthält sie als Vitamin A-Vorstufe das β-Carotin. Dieses wird oftmals im Humanbereich zum Färben von Lebensmitteln eingesetzt (z.B. erhalten viele Orangenlimonaden erst durch den Carotinzusatz ihre charakteristische gelbe Farbe).

Daneben enthalten Orangen noch Vitamine der B-Gruppe, vor allem Biotin und Folsäure. Außerdem beinhalten sie einen hohen Gehalt an Mineralstoffen, vor allem Kalium, Kalzium und Phosphor.

Verfügbarkeit

Obwohl Zitrusfrüchte im Allgemeinen besonders in der kalten Jahreszeit angeboten und auch verzehrt werden, sind besonders die Orangensorten ganzjährig bei uns erhältlich. Die Hauptverkaufszeit liegt zwischen November und Juni.

Fütterungshinweise

Da die meisten Apfelsinen in großen Monokulturen angebaut werden und der Einsatz von Kunstdünger und Chemikalien besonders intensiv ist, müssen sie in jedem Fall sehr gründlich von Schale und Haut befreit werden, bevor man sie – am besten klein geschnitten im Obstsalat mit Stücken anderer Früchte vermischt – anbietet. Größeren Papageien nehmen auch ganze Fruchtsegmente an; zahme Vögel nehmen diese gerne aus der Hand. Süßere Sorten werden meist bevorzugt; am besten wählt man Navel- oder Valencia-Orangen. Meist „lutschen" die Vögel den Saft aus den Früchten, die Haut der Segmente und das ausgedrückte Fruchtfleisch werden fallen gelassen. Nach meinen eigenen Erfahrungen sind besonders afrikanische Graupapageien (*Psittacus erithacus*) und Langflügelpapageien (*Poicephalus* spp.) für die süßen Zitrusfrüchte zu begeistern. Der frisch gepresste Saft eignet sich hervorragend zum Beimengen bei der Zubereitung von Loribreis.

Füttern Sie Apfelsinen in Bio-Qualität. Die Schalen können dann im Backofen getrocknet werden. Nutzen Sie die getrockneten Streifen zur Herstellung eines Tees. Der zitrusartige Geschmack ist bei allen Vögeln beliebt. Nach Abtrennen einer Kopfscheibe kann die Orange ausgehöhlt und die Orangenschale als Futternapf eingesetzt werden.

Baltimoretrupiale

Tipp Zudem überdeckt der Geschmack auch mögliche Ergänzungen im Tränkwasser (z.B. Vitaminlösungen), die ansonsten zu einer Beeinträchtigung der Tränkwasseraufnahme führen. Geeignete Zugabe zur Feuchtigkeitsversorgung bei Vogeltransporten.

Geeignet für

Groß-papageien	Großsittiche + Kleinpapageien	Wellen-sittiche	Kanarien	Wald- und Finkenvögel	Weichfresser	Ziergeflügel	Prachtfinken
✓	✓				✓	✓	

Banane

Bananenpflanzen (*Muscaceae*, 6 Gattungen mit etwa 22 Arten) gehören aufgrund der milderen Temperaturen mittlerweile auch in Deutschland zu den häufiger anzutreffenden Pflanzen. Für den europäischen Markt sind besonders die Obstbananen der Sektion Eumusa der Gattung *Musa* von Bedeutung. Viele der verschiedenen Sorten der Kulturbanane (*Musa paradisiaca*) sind durch Kreuzung zweier Wildarten, *Musa acuminata* und *Musa balbisiana*, entstanden. Bananen gehören am Markt zu den überaus beliebten und sehr häufig produzierten Obstsorten.

Herkunft und Geschichte

Die ursprünglich im indomalaiischen Raum beheimatete Banane ist wahrscheinlich fast eine Million Jahre alt. Sie zählt zu den ältesten Kulturpflanzen der Welt und wurde bereits um 600 v. Chr. in Indien erwähnt. Die frühzeitige Verbreitung auf dem afrikanischen Kontinent verdankt die Banane arabischen Kaufleuten. Von hier aus nahmen sie spanische und portugiesische Seefahrer Anfang des 16. Jahrhunderts auf ihre Seefahrten mit und bereiteten somit den Siegeszug der Banane als wichtigster Kulturpflanze in der gesamten Karibik und auf dem mittel- und südamerikanischen Festland vor.

Lagerung

Bananen werden am besten bei Zimmertemperatur aufbewahrt. Durch Einwickeln in Zeitungspapier lässt sich der Reifeprozess beschleunigen, durch Lagerung im Kühlschrank verlangsamen. Einschränkend ist aber anzuführen, dass die Früchte in der Kälte schnell an Aroma verlieren.

Inhaltsstoffe

Die „Paradiesfrüchte“, wie sie in Indien genannt werden, gehören zu den kaliumreichsten Früchten überhaupt und weisen zudem höhere Gehalte an β-Carotin (Provitamin A) sowie den Vitaminen C und B_6 auf. Zudem enthalten sie viele leicht verfügbare Kohlenhydrate, was sowohl bei Mensch wie auch Tier allgemein zu einer frühzeitig einsetzenden Sättigung führt.

Verfügbarkeit

Da Bananen ganzjährig geerntet werden, sind sie jederzeit zu relativ konstanten Preisen erhältlich. Da einige Vögel besonders die hochreifen, fast schon in Gärung befindlichen Früchte bevorzugen, sollte man beim Händler nach hochreifen und möglicherweise nicht mehr vermarktungsfähigen und daher günstigeren Früchten fragen. Kritisch betrachtet, hat der kommerzielle Bananenanbau den Lebensraum vieler neotropischer Papageienarten zerstört oder zumindest stark beeinträchtigt!

Fütterungshinweise

Der konventionelle, fast ausschließlich in Monokultur betriebene Bananenanbau ist in der Regel sehr chemieintensiv, weshalb die süßen Früchte unseren Gefiederten stets ohne Schale angeboten werden sollten. Eine Ausnahme stellen ausgewiesene Bio-Bananen dar; gerade Papageien lieben es, die Schale zu entfernen und mit dem Schnabel „aufzufasern“. Der Reifezustand entscheidet auch über die Beliebtheit beim Vogel. Während Amazonen es lieben, hochreife Bananen zwischen den Zehen zu „zermatschen“, und sie dann fressen, ziert sich ein Graupapagei hier eher. Er ist der „elegante Vogel im grauen Gewand“, der auf die Tischmanieren achtet. Beim Ziergeflügel werden Bananen sowohl im halb- wie auch im überreifen Stadium gefressen.

Aufgrund ihres weichen Fruchtfleisches eignen sich reife Bananen auch hervorragend als Zusatz zum Loribrei. Bei jungen Psittaziden sind reife Bananen zumeist die erste Frucht, die von den Jungvögeln aufgenommen wird, wenn sie futterfest werden sollen – vermutlich, weil die Konsistenz dem von den Eltern gefütterten Kropfinhalt oder dem Brei in der Handaufzucht ähnelt.

Tukane (Weichfresser) verzehren Bananen mit Vorliebe

Tipp Bananen können auch sehr gut genutzt werden, um Mineralfutter zu verabreichen. Zerdrücken Sie hierzu die Banane mit einer Gabel und heben das Mineralfutter unter, bevor Sie dieses Bananenmus zu kleinen Kugeln formen, die Sie Ihren Vögeln anbieten.

Geeignet für

Groß-papageien	Großsittiche + Kleinpapageien	Wellen-sittiche	Kanarien	Wald- und Finkenvögel	Weichfresser	Ziergeflügel	Prachtfinken
✓	✓				✓	✓	

Birne und Nashi

Herr von Ribbeck auf Ribbeck im Havelland, ein Birnbaum in seinem Garten stand, und kam die goldene Herbsteszeit und die Birnen leuchteten weit und breit, da stopfte, wenn`s Mittag vom Turme scholl, der von Ribbeck sich beide Taschen voll, und kam in Pantinen ein Junge daher, so rief er: „Junge, wiste`ne Beer?“ Und kam ein Mädel so rief er: „Lütt Dirn, komm man röwer, ich hebb`ne Birn.“ Dieses Gedicht von Theodor Fontane aus dem Jahr 1889 zeigt, wie lange die Birne bereits in Deutschland als süße Frucht bekannt ist.

Herkunft und Geschichte

Ihre Geschichte ist aber noch älter. Noch bevor Homer und Aristoteles sie in ihren Schriften erwähnten, wurde die Birne bereits vor über 3.000 Jahren am Mondsee (Österreich) und in Unteruhldingen am Bodensee kultiviert. Ihr Ursprung liegt im Kaukasus, in Transkaukasien und Anatolien.

Und nicht nur die alten Griechen schätzten bereits die aromatische, meist tropfenförmige gelbgrüne bis bräunliche Frucht des Birnbaums (*Pyrus communis*). Auch bei den Ägyptern, Römern und Chinesen genoss sie hohes Ansehen.

Heute werden Birnen weltweit kultiviert, wobei allein in China etwa 40 Prozent der Weltproduktion angebaut werden. Es gibt über 1.000 Sorten, bei denen es sich zum größten Teil um Mutationsformen handelt. Die Früchte der bis zu 20 Meter hohen Bäume werden meist geerntet, bevor sie vollreif sind.

Lagerung

Birnen sind nur begrenzt lagerfähig; besonders reife Früchte sind zum schnellen Verbrauch bestimmt, da sie aufgrund des höheren Zuckergehaltes schnell höhere Hefengehalte aufweisen und dadurch bedingt dann auch gerne in eine alkoholische Gärung übergehen. Birnen sollten einzeln und getrennt von anderen Lebensmitteln aufbewahrt werden, da sie

sonst schnell an Aroma verlieren. Deshalb scheidet die Kühlschranklagerung in aller Regel aus. Beim Einkauf achte man auf glatte und feste, aber nicht zu harte Früchte. Überreife Birnen lassen sich an weichen Stellen rund um den Stiel erkennen.

Inhaltsstoffe

Birnen besitzen einen dem Apfel recht ähnlichen hohen ernährungsphysiologischen Wert. Sie haben einen etwas höheren Gehalt an Kohlenhydraten und hier insbesondere Zucker, weshalb Birnen meist recht süß schmecken.

Verfügbarkeit

Da die einzelnen Sorten unterschiedliche Erntezeiten haben, sind einheimische Früchte über einen längeren Zeitraum (August bis Oktober) erhältlich. Importierte Früchte sind nahezu ganzjährig auf den Märkten zu finden.

Die Nashi (*Pyrus pyrifolia*) wird auch „Japanische Birne" genannt, womit auch bereits ihre Heimat erklärt ist. Sie unterscheidet sich schon allein in der Form deutlich von der europäischen Birne (*Pyrus communis*); ihr Aussehen gleicht eher dem eines Apfels. Ihr mildes Aroma und knackiges Fruchtfleisch hebt sie deutlich von den europäischen Birnen ab, weshalb sie auch als „Apfelbirne" bezeichnet wird. Viele Papageien, die gerne Äpfel annehmen, verschmähen dagegen Birnen (z.B. viele Graupapageien), nicht zuletzt, weil viele Birnensorten im fortgeschrittenen Reifezustand schnell matschig werden. Die Nashi stellt somit eine willkommene Alternative für solche Vögel dar. Ihre Inhaltsstoffe sind mit denen unserer Birne vergleichbar.

Fütterungshinweise

Wie bereits erwähnt, schmecken Birnen besonderes süß. Deshalb werden sie von den meisten Arten mit Begeisterung aufgenommen. Einige Sorten werden mit zunehmendem Reifegrad recht matschig. Man sollte diese deshalb zu einem Zeitpunkt verfüttern, zu dem sie sich noch fest anfühlen; sie werden sonst in aller Regel schlecht oder gar nicht gefressen. Aras und Graupapageien bevorzugen die Birnen in einem Reifestadium, in dem das Fruchtfleisch noch fest ist, Amazonen und Ziergeflügel bevorzugen die hochreife Form. Zu diesem Zeitpunkt, wenn die Früchte hochreif bzw. schon nahezu matschig sind, lieben Loris es, den süßen Fruchtsaft mit ihrer Pinselzunge aufzunehmen. Halbiert auf einem Ast aufgespießt, werden sie gerne genommen. Da das Fruchtfleisch recht weich und saftig ist, kann es auch gut zur Aufwertung des Loribreis dienen. Oft werden Birnen klein geschnitten im gemischten Obstsalat den Vögeln angeboten.

Nektarvögel (Nectariniidae) fressen auch weiche Birnen

Tipp Bedingt durch den hohen Zuckergehalt in den Birnen neigen diese zu einem raschen mikrobiellen Verderb. Dieser beginnt bei höheren Temperaturen (z.B. Hochsommer) innerhalb weniger Stunden. Bieten Sie die Birnen daher am Morgen an und entfernen Sie die Reste spätestens am Abend. Achten Sie bitte auch darauf, heruntergefallenes Obst rasch zu entfernen, um zu vermeiden, dass sich Fruchtfliegen einfinden (es sei denn, sie füttern insektivore Vögel).

Geeignet für

Groß-papageien	Großsittiche + Kleinpapageien	Wellen-sittiche	Kanarien	Wald- und Finkenvögel	Weichfresser	Ziergeflügel	Prachtfinken
✓	✓		✓	✓	✓	✓	✓

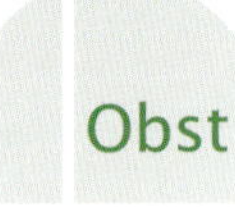

Clementine und Mandarine

Die Clementine gehört zum Formenkreis der Mandarine (*Citrus reticulata)* und hat im Gegensatz zur Mandarine keine oder nur wenige Kerne; ihre Schale lässt sich allerdings etwas schwerer ablösen als die der Mandarine.

Herkunft und Geschichte

Die Herkunft der Clementine ist nicht ganz unstrittig. Mitunter geht man davon aus, dass sie eine Zufallskreuzung zwischen der Mandarine und der Pomeranze (*Citrus aurantium*) ist. Wahrscheinlicher ist jedoch, dass diese Frucht praktisch identisch ist mit der in den chinesischen Provinzen Guangxi und Guangdong angebauten Canton-Mandarine.

Im Mittelmeerraum ist die Clementine heute die populärste und am besten wachsende Mandarinenvarietät.

Hauptlieferant ist Spanien, mit Abstand gefolgt von Marokko, Italien, Griechenland, Frankreich und der Türkei.

Lagerung

Im Kühlschrank aufbewahrt, können Clementinen mindestens 10 Tage gelagert werden, bei 3 - 4 Grad Celsius und 90 % relativer Luftfeuchtigkeit sogar bis zu zwei Monaten. Bei Zimmertemperatur beginnen die Früchte schnell zu schimmeln.

Inhaltsstoffe

Wie alle Mandarinenformen enthält auch die Clementine nennenswerte Mengen an Vitamin C, sowie Provitamin A und Vitamine des B-Komplexes. Ihr Fruchtzuckergehalt ist recht hoch.

Verfügbarkeit

Hauptverkaufszeitraum für Clementinen aus den Mittelmeerländern ist das Winterhalbjahr; durch Früh- und Spätsorten wird der Markt von Anfang Oktober bis Mitte Februar beliefert. Im Sommerhalbjahr sind wesentlich kleinere Mengen aus Südafrika, Argentinien und Uruguay erhältlich.

Fütterungshinweise

Die geschälten und von der weißen Haut weitgehend befreiten Früchte lassen sich leicht in die einzelnen Fruchtfächer zerlegen. Diese zerschneidet man in kleine Stücke; so werden sie besser von den Papageien angenommen. Clementinen sind nicht „jedervogels" Geschmack; Arten, die gerne süß-saftige Früchte zu sich nehmen (z.B. neotropische Papageien), fressen sie allerdings in der Regel gerne.

Auch bei Graupapageien sind sie beliebt. Meist wird das saftige Fruchtfleisch aus der dünnen Hülle der Fruchtfächer herausgelutscht und diese dann fallengelassen. Im Papageien-Obstsalat stellen sie in den Wintermonaten eine wertvolle Bereicherung mit Vitamin C dar. Der ausgepresste Saft kann bei der Zubereitung von Loribrei Verwendung finden.

Tipp Clementinen haben eine Spaltengröße, die vom Papagei rasch komplett aufgenommen werden kann. Da die aufgrund des höheren Zuckergehaltes vorherrschende Süße gut andere Geschmacksrichtungen überdeckt, bietet sie sich als „Transportmedium" an. Lassen Sie sich von Ihrem Tierarzt eine Spritze geben, mit der Sie beispielsweise Vitamintropfen in die Clementinenspalte injizieren und dann Ihrem Vogel anbieten.

Geeignet für

Groß-papageien	Großsittiche + Kleinpapageien	Wellen-sittiche	Kanarien	Wald- und Finkenvögel	Weichfresser	Ziergeflügel	Prachtfinken
✓	✓				✓		

Erdbeere

Erdbeeren sind aufgrund der leuchtend roten Farbe für alle Gefiederten sehr attraktiv. Selbst Tierbesitzer, die keinen Garten haben, können Erdbeeren in Kübeln auf dem Balkon vermehren. Eine besondere Delikatesse stellen Walderdbeeren dar, die im Geschmack besonders intensiv sind.

Erdbeeren sind auch bei Graupapageien beliebt

Herkunft und Geschichte

Erdbeeren sind Waldpflanzen. Unsere heute angebauten großfrüchtigen Erdbeeren (*Fragaria ananassa*) sind bereits vor über 200 Jahren aus wiederholten zufälligen Kreuzungen der kleinen amerikanischen Scharlacherdbeere (*Fragaria virginiana*) mit der großfrüchtigen Chile-Erdbeere (*Fragaria chiloensis*) entstanden. Die Frucht wird heute weltweit in gemäßigten Zonen kultiviert, vor allem aber in Europa. Die kleinfrüchtige Monatserdbeere, welche den ganzen Sommer hindurch bis zum Frosteintritt Früchte trägt, stammt von der heimischen Walderdbeere (*Fragaria vesca*) ab.

Lagerung

Da Erdbeeren sehr empfindlich und leicht verderblich sind, sollte man beim Kauf beziehungsweise bei der Ernte nur Früchte auswählen, die weder grüne

Stellen aufweisen noch überreif sind. Am besten wählt man mittel- bis dunkelrote Früchte aus. Bei gekaufter Körbchenware ist auf Schimmelbildung zu achten. Erdbeeren sind stets zum schnellen Verbrauch bestimmt, können allerdings auch – am besten einzeln – eingefroren werden.

Die Früchte dürfen gründlich, aber nur kurz abgewaschen werden, da sie sonst zu viel Wasser aufnehmen. Die grünen Blättchen werden erst danach entfernt.

Inhaltsstoffe

Neben Provitamin A und den Vitaminen B_1 und B_2 enthalten Erdbeeren vor allem Vitamin C. An Mineralien sind außer Zink, Phosphor, Mangan und Kupfer größere Mengen an Eisen zu nennen

Verfügbarkeit

In Mitteleuropa haben die roten Früchte ab Ende Mai bis in den August hinein Saison. Importierte Früchte sind nahezu ganzjährig zu bekommen, man muss sie aber meist recht teuer bezahlen. Überdies lassen ihre Süße und das Aroma gegenüber einheimischen, frisch geernteten Früchten meist zu wünschen übrig.

Fütterungshinweise

Wahrscheinlich bedingt durch die mühevolle Ernte – oder aber den Genuss beim eigenen Verzehr – werden Erdbeeren recht selten gefüttert. Es lohnt sich aber, die süßen Früchte während der Sommermonate auf den Speiseplan zu setzen. Es gibt wohl kaum eine Papageien-, Ziergeflügel-, Sittich- oder Loriart, von der die rote Frucht nicht mit Begeisterung angenommen wird.

Dies hängt sicherlich nicht nur mit dem Geschmack, sondern auch – wie an anderer Stelle bereits erwähnt und von verschiedenen Züchtern bestätigt – mit der Vorliebe der Gefiederten für die Farbe Rot zusammen. Auch das Ziergeflügel freut sich, wenn sie hochreife Erdbeeren bekommen, die dann auch mit dem grünen Stil angeboten werden können.

Tipp Stellen Sie für Ihre Papageien „Eis am Stiel" her. Pürieren Sie hierzu die Erdbeeren und frieren Sie das Mus in einem Eiswürfelbehälter ein. Nutzen Sie kleine Äste von Obstbaumzweigen, die Sie als Stöckchen in der Mitte des Würfels mit einfrieren. Größere Vögel werden diesen Stock später in den Fuß nehmen, um das Eis zu genießen. Für kleinere Vögel können Sie das Eis kopfunter am Stil aufhängen.
Daneben lassen sich Erdbeeren in Scheiben geschnitten auch hervorragend im Backofen trocknen und im Winter dann den Sämereienmischungen zumischen.

Geeignet für

Groß-papageien	Großsittiche + Kleinpapageien	Wellen-sittiche	Kanarien	Wald- und Finkenvögel	Weichfresser	Ziergeflügel	Prachtfinken
✓	✓	✓	✓		✓	✓	

Granatapfel

Die Gattung *Punica* umfasst zwei Arten; nur der Granatapfelbaum, *Punica granatum*, ist als Nutz- und Zierpflanze von Bedeutung. Der deutsche Name kommt nicht von ungefähr: Monate nach der Reife platzt die Fruchtschale explosionsartig auf und schleudert die Samen in die Umgebung. Das Fruchtinnere wird durch häutige Wände in sechs Fruchtkammern unterteilt, die jeweils zahlreiche Samen enthalten.

Die Samen besitzen fleischig-geleeartige, rötliche, süßlich oder säuerlich schmeckende Samenschalen, welche den essbaren Teil der Frucht darstellen. Diese Samenschalen werden mitsamt den Samen herausgelöffelt und können – mit anderem Obst vermischt - den Vögeln angeboten werden. Rollen Sie den Granatapfel unter leichtem Druck auf dem Tisch hin und her. Wenn Sie den Granatapfel danach halbieren, fallen die Samen häufig von selbst heraus.

Herkunft und Geschichte

Die ursprüngliche Heimat des Granatapfelbaums reicht vom Iran bis nach Nordindien. Von dort aus gelangte der Granatapfel schon sehr früh mit Karawanen bis nach Südostasien. Bereits zur Zeit der Pharaonen wurden Granatäpfel in Ägypten kultiviert. Heute werden sie in allen subtropischen und tropischen Ländern angebaut. In Vorderasien und im Mittelmeergebiet sind sie häufig verwildert.

Lagerung

Die etwa apfelgroße Frucht ist in kühler Umgebung einige Wochen haltbar. Frische Früchte erkennt man an der glatten Schale; Früchte, die eine trocken aussehende Schale haben, sind nach wie vor saftig. Granatäpfel werden immer reif gepflückt, sie reifen nach der Ernte nicht mehr nach.

Inhaltsstoffe

Granatäpfel enthalten vor allem viel Vitamin C. Ihr charakteristischer Geschmack ist auf den hohen Anteil von adstringierenden Gerbsäuren zurückzuführen.

Verfügbarkeit

Da Granatäpfel bis zu dreimal jährlich geerntet werden können und bis zu sechs Monate lagerfähig sind, sind sie nahezu ganzjährig erhältlich. Angeboten werden sie in unseren Breiten allerdings meist nur in den Herbst- und Wintermonaten.

Fütterungshinweise

Entweder löst man die Samen vor der Fütterung aus der Fruchthülle aus oder man bietet halbierte Früchte an, aus denen dann Samenmantel und Samen herausgefressen werden.

In dieser Form sind die Früchte besonderes für das Ziergeflügel attraktiv. Granatapfelsaft, mit einer Zitronenpresse frisch ausgepresst und eventuell mit etwas Traubenzucker angereichert, stellt nicht nur für Loris, sondern auch für andere früchteliebende Papageien (z.B. die meisten neotropischen Arten) eine willkommene Abwechslung auf dem Speiseplan dar.

Tipp Granatapfelsamen eignen sich vor allem für Tiere, die immer wieder mit Verdauungsstörungen zu tun haben. Die adstringierenden Gerbsäuren haben zudem einen beruhigenden Effekt auf den Verdauungstrakt. Durch die Fruchtsäuren wird überdies ein für pathogene Keime ungünstiges Milieu geschaffen. Der hohe Vitamin C-Gehalt stimuliert zudem das Immunsystem.

Geeignet für

Groß-papageien	Großsittiche + Kleinpapageien	Wellen-sittiche	Kanarien	Wald- und Finkenvögel	Weichfresser	Ziergeflügel	Prachtfinken
✓	✓			✓	✓	✓	

Grapefruit, Pampelmuse und Pomelo

Die Pampelmuse (*Citrus maxima*) ist auch als „Paradiesapfel" oder „Adamsapfel" bekannt; bei ihr handelt es sich – wie schon der lateinische Name verrät – um die größte Zitrusfrucht.

Herkunft und Geschichte

Die zu den Rautengewächsen (*Rutaceae*) gehörende Pampelmuse stammt ursprünglich aus dem tropischen Südostasien und wird wohl schon seit Jahrhunderten kultiviert; ihr Name taucht im Holländischen im 17. Jahrhundert erstmals auf.

Die Grapefruit (*Citrus paradisi*) wurde höchstwahrscheinlich Anfang des 18. Jahrhunderts auf Barbados (Kleine Antillen) als Hybride zwischen der Pampelmuse und der Orange (*Citrus sinensis*) ge-

züchtet – letztere wiederum war zuvor durch eine Kreuzung aus Pampelmuse und Mandarine (*Citrus reticulata*) entstanden. Während im Englischen die Pampelmuse unter dem Namen „Pomelo“ im Handel ist, werden im Deutschen die Hybridfrüchte aus Pampelmuse und Grapefruit als Pomelo bezeichnet.

Lagerung

Bei Zimmertemperatur halten sich reife Früchte (sie sind schwer und groß, weisen keine Druckstellen auf und fühlen sich nicht ganz hart an) etwa eine Woche, im Kühlschrank auch länger.
Die Farbe spielt dabei, weil sie oft sortenabhängig ist, keine große Rolle.

Inhaltsstoffe

Neben Zucker, organischen Säuren, Mineralstoffen und Vitaminen der B-Gruppe ist vor allem sehr viel Vitamin C in den großen Zitrusfrüchten enthalten.

Verfügbarkeit

Grapefruit, Pampelmuse und Co. sind auf unseren Märkten – bedingt durch Importe aus verschiedenen Anbaugebieten – ganzjährig erhältlich; in den Wintermonaten ist das Angebot größer und vielfältiger.

Fütterungshinweise

Grapefruit-Hybriden, die aus Kreuzungen von säurearmen Pampelmusen mit kernhaltigen weißen Grapefruits entstanden sind, wie etwa die Sorten „Oroblanco“, „Sweetie“ oder „Melogold“, aber auch Pomelos schmecken weniger bitter als „echte“ Grapefruits und werden bevorzugt angenommen.

In einem Obstsalat mit süßen, exotischen Früchten stellt die Zugabe von Grapefruit- oder Pomelofleisch eine willkommene, frisch-saure Komponente dar.

Tipp Fügen Sie dem Tränkwasser etwas frisch gepressten Grapefruitsaft zu. Hiermit unterdrücken Sie nicht nur das Algenwachstum in den Tränken, sondern sorgen auch dafür, dass Ihr Vogel, bedingt durch den frischen Geschmack, mehr Wasser zu sich nimmt. Dieses wirkt sich insbesondere bei Vögeln mit Problemen der Nierenfunktion (Niereninsuffizienz) positiv aus.

Geeignet für

Groß-papageien	Großsittiche + Kleinpapageien	Wellen-sittiche	Kanarien	Wald- und Finkenvögel	Weichfresser	Ziergeflügel	Prachtfinken
✓	✓				✓		

Guave

Die Guave (*Psidium guajava*) ist eine Beerenfrucht mit einer dünnen, wachsartigen Schale. Sie wird bis zu 10 cm lang, ihre Form ist kugelig bis birnenförmig. Die Frucht wächst an immergrünen Bäumen, die eine Höhe bis zu 10 Metern erreichen können, was eine Ernte nicht unbedingt einfach macht.

Reife Früchte färben sich von hellgrün in eine gelbliche Farbe, bekommen in diesem Zustand kleine schwarze Punkte auf der Schale, geben auf leichten Druck etwas nach und strömen einen aromatischen Geruch aus. Das Fruchtfleisch ist weiß- oder rotfleischig und enthält runde schwarzglänzende Kerne, die mitgegessen werden können und einen leicht pfeffrigen Geschmack haben.

Rotbugara mit aromatischer Guave

Herkunft und Geschichte

Die Guave stammt vermutlich aus Mexico oder Brasilien. Heute findet ihr Anbau in allen tropischen und subtropischen Gebieten der Erde statt. Zu den Hauptanbaugebieten gehören neben den klassischen südamerikanischen Ländern auch Indien und Südafrika.

Lagerung

Guaven sind druckempfindlich und können ungekühlt nur wenige Tage gelagert werden, gekühlt sind sie jedoch zwei bis drei Wochen haltbar. Bei einer Lagerung im Kühlschrank sollte darauf geachtet werden, dass die Guaven keinen direkten Kontakt zu anderem Obst haben.

Aufgrund der Druckempfindlichkeit empfiehlt es sich zudem, die Früchte separat in Schalen oder in Küchentücher eingewickelt zu lagern. Als Guavenkompott eingemachte Früchte stellen eine wertvolle Vitaminbombe für das gesamte Jahr dar.

Inhaltsstoffe

Die Guave weist einen deutlich höheren Vitamin C-Gehalt (200 - 900 mg/100 g essbarem Fruchtfleisch) auf als Orangen. Zudem enthält sie beachtliche Mengen an Provitamin A und Vitamin B1.

Verfügbarkeit

Guaven werden importiert, dabei kommen die Früchte von Juni bis August überwiegend aus Indien, in den Monaten Oktober bis Mai werden sie aus Brasilien geliefert.

Fütterungshinweise

Das bei Vollreife sehr intensiv duftende Fruchtfleisch schmeckt süßsäuerlich bis aromatisch. Es ähnelt dem Geschmack von Birnen oder Erdbeeren und wird vor allem von Loris und Edelpapageien gerne genommen. Kakadus und Aras mögen die Frucht lieber im halbreifen Zustand. Besonders der Samen ist sehr begehrt (Low 2001).

Guavensaft gilt als einer der aromatischsten und vor allem auch vitaminreichsten Säfte überhaupt und eignet sich daher vorzüglich als Grundlage für einen Loribrei der besonderen Art.

Tipp Das in der Guave enthaltene Pektin (=Ballaststoff) kann in der Fütterung von Vögeln mit Verdauungsstörungen sehr gute Dienste leisten. Diese Pektine liefern ein wichtiges Nährsubstrat für die Stabilisierung der Mikroflora und nähren zugleich die Schleimhautzellen im Magen-Darm-Trakt. Verarbeiten Sie hierzu hochreife Guaven zu Mus und frieren Sie dieses in Eiswürfelbehältern oder -tüten ein. So haben Sie immer schnell verfügbare Portionen, wenn es bei Ihrem Vogel zu Verdauungsstörungen kommt.

Geeignet für

Groß-papageien	Großsittiche + Kleinpapageien	Wellen-sittiche	Kanarien	Wald- und Finkenvögel	Weichfresser	Ziergeflügel	Prachtfinken
✓	✓				✓		

Heidelbeere, Cranberry und Preiselbeere

Die etwa 30 Zentimeter hohen, kleinblättrigen Blaubeer- oder Heidelbeersträucher (*Vaccinium myrtillus*) gehören zu den Heidekrautgewächsen (*Ericaceae*). Ihr Vorkommen erstreckt sich auf die gesamte nördliche Halbkugel, wo sie auf sandigen, torfhaltigen und feuchten Böden wächst. In Deutschland gehört sie zu den beliebtesten frei wachsenden Beerenfrüchten, hat mittlerweile aber auch besondere Bedeutung als Kulturheidelbeere bekommen.

Herkunft und Geschichte

Preiselbeeren (auch Moosbeere oder Kronsbeere genannt; *Vaccinium vitis-idaea*) zählen wie die Heidelbeere zu den Erikagewächsen. Sie kommen auf der gesamten Nordhalbkugel vor, werden aber im Gegensatz zu den Heidelbeeren, die kultiviert wurden, ausschließlich als Wildpflanzen geerntet.

Die Beeren der „Großfrüchtigen Heidelbeere“ (*Vaccinium macrocarpon*), bei uns unter ihrem englischen Namen „Cranberry“ bekannt, werden vornehmlich aus Nordamerika importiert, wo sie auf sauren Hochmoorböden ideale Wuchsbedingungen finden.

Die scharlachrote, glänzende Preiselbeere, auch Moosbeere oder Kronsbeere genannt, gehört wie die Heidelbeere zu den Erikagewächsen. Sie kommt auf der gesamten Nordhalbkugel in gemäßigten wie auch in arktischen Regionen vor.

Lagerung

Da Heidelbeeren im frischen Zustand sehr empfindlich sind, sollten beschädigte Früchte nach dem Einkauf sofort aussortiert werden. Im Kühlschrank können Blaubeeren einige Tage aufbewahrt werden – wickeln Sie die Früchte hierzu in ein angefeuchtetes Küchenpapier ein. Ein schneller Verbrauch ist dennoch empfehlenswert. Die Beeren dürfen nur kurz abgebraust werden, um Aromaverluste zu vermeiden. Gerade bei wildgesammelten Beeren sollten Sie auf dieses Abbrausen aber nicht verzichten.

Für eine längere Lagerung empfiehlt es sich, die Früchte einzufrieren. Breiten Sie die Früchte hierzu zunächst auf einem Backblech (oder anderem flachen Gefäß) aus, welches Sie in den Froster stellen. Danach können Sie die Früchte in tiefgefrorenen Zustand in einem Beutel oder eine Dose geben. Durch diese Vorgehensweise können Sie die Früchte auch später noch einzeln entnehmen. Preiselbeeren können aufgrund ihres hohen Gehalts an Benzoesäure sehr lange gelagert werden.

Inhaltsstoffe

Heidelbeeren enthalten viel Vitamin C, Kalzium, Eisen und Phosphor. Sie sind sehr säurehaltig. Preiselbeeren sind reich an den Vitamin C, B_1, B_2, B_3 und Provitamin A sowie an den Mineralstoffen Kalium, Kalzium und Magnesium. – Der herbsaure Geschmack der Preiselbeere entsteht durch die zahlreich enthaltenen Säuren, daneben enthalten Preiselbeeren wichtige Mineralstoffe, viel Pektin und Provitamin A sowie Vitamine der B-Gruppe und Vitamin C.

Heidelbeeren enthalten gerade mal 42 Kilokalorien pro 100 Gramm - aber viel Vitamin C, Kalium und Zink, Folsäure und Eisen sowie Gerb- und Pflanzenfarbstoffe (Polyphenole). Polyphenole sind sekundäre Pflanzenstoffe, die Zellen erneuern und Entzündungen bekämpfen und das Immunsystem stärken.

Verfügbarkeit

Einheimische Heidelbeeren können im August und September geerntet werden. Importierte Ware ist mittlerweile ganzjährig erhältlich. Preiselbeeren werden meist wild gesammelt; frische Früchte können inzwischen im Fachhandel aber auch erworben werden.

Fütterungshinweise

Heidelbeeren sind sehr kalorienarm und eignen sich daher auch gut als „Light“futter für Ziervögel, die leicht verfetten (z.B. Rosakakadus). Blaubeeren werden in aller Regel von den meisten Papageien bereits beim ersten Mal dankbar angenommen.

Besonders bei Fruchttauben oder Turakos hoch im Kurs. Entsprechend portioniert und eingefroren, verfügt man ganzjährig über diese beliebte Frucht zur Verfütterung.

Tipp Nehmen Sie einen leeren Joghurtbecher, den Sie etwa 1 cm hoch mit Wasser füllen und einfrieren. Verteilen Sie einige Heidelbeeren auf dieser Eisschicht und füllen Sie wieder mit Wasser auf, bis diese gerade bedeckt sind. Frieren Sie den Becher wieder ein. Verteilen Sie erneut Heidebeeren auf der gefrorenen Schicht und füllen Sie mit Wasser auf. Verfahren Sie so, bis der Becker gefüllt ist. Ganz zum Schluss fügen Sie bitte einen Holzstiel (Eisstiel, kleiner Zweig) ein, an dem die „Eisbombe“ später aufgehangen wird. Damit haben Sie die Möglichkeit, Ihren Vögeln auch im Frühjahr und Sommer Heidelbeeren anzubieten, die sie sich aber erarbeiten müssen.

Geeignet für

Groß-papageien	Großsittiche + Kleinpapageien	Wellen-sittiche	Kanarien	Wald- und Finkenvögel	Weichfresser	Ziergeflügel	Prachtfinken
✓	✓	✓	✓		✓	✓	

Johannisbeere

Die Johannisbeere (*Ribes* spp.) gehört wie die Stachelbeere zur Familie der Stachelbeergewächse (*Grossulariaceae*). Umgangssprachlich wird sie in Norddeutschland Ahlbeere, in Schwaben Träuble, in Bayern Ribiseln und in Hessen und der Pfalz Kanstraube genannt.
Bei den Johannisbeeren gibt es rote, weiße und schwarze Sorten, die sich in der Zusammensetzung erheblich unterscheiden (s. unten).

Herkunft und Geschichte

Johannisbeeren als Kulturpflanze haben eine junge Geschichte; der mundartliche Begriff Ribiseln stammt vom arabischen *ribâs* ab. Während die Rote Johannisbeere (*Ribes rubrum*) ursprünglich in Nordosteuropa und Nordwestasien beheimatet war, stammt die Schwarze Johannisbeere (Ribes nigrum) aus Mittel- und Osteuropa sowie einigen asiatischen Ländern.
Heute werden beide Sorten in allen Ländern der gemäßigten bis kalten Zonen angebaut. Ihren deutschen Namen verdanken sie dem Zeitpunkt ihrer Reife, der um den 24. Juni, das Fest des Heiligen Johannes, liegt.

Lagerung

Da die Beeren recht empfindlich sind und schnell matschig werden, ist beim Einkauf oder bei der Ernte auf feste, unverletzte und gleichmäßig gefärbte Früchte zu achten. Im Kühlschrank halten sie nur wenige Tage. Eine schnelle Verarbeitung ist empfehlenswert. Johannisbeeren können auf einer flachen Schale ausgebreitet eingefroren werden. Im Backofen getrocknete Beeren halten sich über mehrere Monate.

Inhaltsstoffe

Johannisbeeren sind der Vitamin C-Lieferant schlechthin; der Gehalt ist etwas dreimal so hoch wie in Zitrusfrüchten. Dabei enthalten die schwarzen Johannisbeeren (rd. 200 mg Vitamin C/100 g) etwa fünfmal so viel Vitamin C wie rote oder weiße Beeren. Vitamin C stärkt nicht nur das Immunsystem, sondern hilft auch, pflanzliches Eisen zu verarbeiten.

Da Johannisbeeren außerdem beachtliche Mengen an Eisen enthalten, beugen sie einem Eisenmangel vor und eignen sich insbesondere nach Blutverlusten. Zudem enthalten Johannisbeeren Flavonoide, Polyphenole und Anthocyane, welche eine positive Wirkung auf das Herz-Kreislauf-System haben.

Schwarze Johannisbeeren enthalten viele Ballaststoffe, die schnell und für längere Zeit satt machen, weshalb sie sich für Vögel mit Gewichtsproblemen eignen. Zudem haben die Fasern einen positiven Effekt auf die Magen-Darm-Gesundheit und die Verdauung, weshalb sie sich nach medikamentösen Therapien (z.B. Antibiotika-Gaben) eignen.

Verfügbarkeit

Johannisbeeren werden an mehrjährigen Sträuchern oder an Hochstämmchen geerntet. Heimische Früchte haben von Juni bis August Saison. Die Erntezeit der Roten Johannisbeere reicht von Mitte Juni bis Ende August, die der Schwarzen Johannisbeere von Juni bis Juli. Je früher letztere geerntet werden, desto höher ist der Pektingehalt. Die heimische Ernte, die zum größten Teil als Frischware in den Handel gelangt, wird durch Importe aus den Niederlanden, Belgien, Frankreich und Italien ergänzt. Im Winter angebotene Johannisbeeren werden v.a. aus Chile importiert.

Fütterungshinweise

Die Johannisbeere – besonders die Schwarze Johannisbeere – ist vom gesundheitlichen Standpunkt her die wertvollste Beerenobstart überhaupt. Deshalb sollte sie in den Sommermonaten unbedingt auf dem Speiseplan unserer Vögel stehen. Da matschiges Obst in aller Regel sehr ungern angenommen wird, werden Johannisbeeren am besten ganz frisch – z. B. direkt vom Strauch im eigenen Garten gepflückt – angeboten.

Rote Johannisbeeren werden ihres milderen Geschmacks und ihrer leuchtenden Farbe wegen lieber gefressen als Schwarze Johannisbeeren. Wo Weiße Johannisbeeren zur Verfügung stehen, können auch diese angeboten werden; sie sind besonders fein im Aroma. Auf Grund ihres hohen Säuregehalts schmeckt die Johannisbeere mitunter recht säuerlich; ihre Akzeptanz bei den Papageien ist daher individuell sehr unterschiedlich. Sie findet bei Weichfressern, wie Fruchttauben ihre Liebhaber.

Tipp Bieten Sie Johannisbeeren immer in der Traube an, so bleiben sie länger frisch und Ihr Vogel ist damit beschäftigt, sie abzustreifen. Oftmals wird auch der Stil dann noch beknabbert, was bedenkenlos möglich ist.
Streichen Sie die Johannisbeeren zudem durch ein Sieb und frieren Sie den Saft in kleinen Portionen ein. Dem Trankwasser zugegeben steigert es aufgrund des fruchtigen Geschmacks die Flüssigkeitsaufnahme Ihres Vogels.

Geeignet für

Groß-papageien	Großsittiche + Kleinpapageien	Wellen-sittiche	Kanarien	Wald- und Finkenvögel	Weichfresser	Ziergeflügel	Prachtfinken
✓	✓				✓	✓	

Kaki und Sharonfrucht

Die Kaki (auch Kakipflaume genannt) weist eine orangefarbene Schale, ein süßes Fruchtfleisch sowie die Form einer großen Tomate auf. Der wissenschaftliche Gattungsname der Kaki (*Diospyros kaki*) bedeutet so viel wie „göttliches Feuer". Sie gehört zur Familie der Ebenholzgewächse (*Ebenaceae*).

Herkunft und Geschichte

Der Kakibaum gehört zu den ältesten Kulturpflanzen. So wird sie in China bereits seit 2000 Jahren genutzt. Der Gattungsname lautet Diospyros, was so viel wie „Götterfrucht" oder „Götterspeise" bedeutet. Die „göttliche Frucht" ist in Zentralchina, Japan und Südkorea beheimatet. Heute erfolgt der Anbau in allen subtropischen bzw. wärmeren Regionen der Erde. Persimone bzw. Sharonfrucht sind die veredelten Zuchtformen der Kaki.

Lagerung

Reife Früchte sind butterweich, das Fruchtfleisch hat eine saftige Konsistenz. In den Handel gelangen allerdings oftmals unreife Kakis, die – je nach Sorte – noch Gerbsäure enthalten. Bei Zimmertemperatur kann man sie, am besten zusammen mit Bananen oder Äpfeln, nachreifen lassen. Reife Früchte lagert man im Kühlschrank; sie sollten möglichst rasch verbraucht werden.

Inhaltsstoffe

Die süßen Früchte enthalten sehr viel Zucker (v.a. Fruchtzucker, aber auch Glukose). Die Kaki ist zudem sehr reich an Provitamin A und enthält höhere Mengen an Vitamin C und B-Vitaminen. Das in der Kaki vorhandene Kalium übt Funktionen im Energiestoffwechsel aus. Hinzuweisen ist außerdem auf einen nennenswerten Gehalt an Ballaststoffen, die nicht nur satt machen, sondern auch die Verdauung fördern.

Verfügbarkeit

Kakifrüchte sind auf unseren heimischen Märkten ganzjährig erhältlich. Die Hauptangebotszeiten liegen im Frühjahr und im Herbst, dann gelangen überwiegend Früchte aus Brasilien, Italien, Spanien und Israel in den Handel.

Fütterungshinweise

Da das Fruchtfleisch der Kaki im vollreifen Zustand sehr weich ist, ist sie – nicht zuletzt auch wegen ihres sehr aromatisch-süßlichen Geschmacks – für die Verwendung bei der Lorifütterung geradezu prädestiniert. Die geschälten Früchte (die Schale ist meist ungenießbar) können im Loribrei mitverarbeitet oder aber halbiert angeboten werden. Die Loris pressen den süßen Saft dann mit der Pinselzunge heraus, was gleichzeitig auch eine Beschäftigung mit der Futteraufnahme darstellt. Auf Grund ihrer rötlichen Färbung wird die Kaki auch bei der ersten Fütterung meist sofort angenommen, da viele Papageien eine Vorliebe für rote Früchte zeigen.

Außerdem...

Die Sharonfrucht, eine in Israel gezüchtete Form der Kaki, enthält keine Gerbstoffe mehr im Fruchtfleisch, außerdem ist dieses etwas fester als bei den anderen Sorten und hat einen noch süßeren Geschmack. Deshalb ist sie sicherlich besser für den Fütterungseinsatz bei unseren Vögeln geeignet.

Alle Tangarenarten lieben Obst

Tipp Aufgrund des hohen Gehaltes an Provitamin A (β-Carotin) eignen sich gemuste Kaki- oder Sharonfrüchte insbesondere für selbst hergestellte Aufzuchtfutter, die bisher häufig geriebene Möhren enthielten, deren gröbere Raspeln sich nicht wirklich homogen mit dem Futter vermischen lassen.

Geeignet für

Groß-papageien	Großsittiche + Kleinpapageien	Wellen-sittiche	Kanarien	Wald- und Finkenvögel	Weichfresser	Ziergeflügel	Prachtfinken
✓	✓				✓	✓	

Kapstachelbeere / Physalis

Der wissenschaftliche Name der Kapstachelbeere lautet *Physalis peruviana*. Nach diesem botanischen Gattungsnamen wird sie abgekürzt auch gerne Physalis genannt. Sie gehört ebenso wie beispielsweise die Tomate zur großen Familie der Nachtschattengewächse (*Solanaceae*). Es gibt über 90 verschiedene Arten.

Herkunft und Geschichte

Die Kapstachelbeere wird auch als Andenbeere, Andenkirsche oder Peruanische Blasenkirsche bezeichnet, wodurch bereits die Herkunft dieser Frucht kenntlich wird: die Heimat der Kapstachelbeere sind die Anden. Bereits in den kunstvoll angelegten Gärten der Inkas war die Kapstachelbeere zu finden. Auch heute noch liegt das Hauptanbaugebiet in der Andenregion zwischen Venezuela und Chile.

Anfang des 19. Jahrhunderts gelangte die Physalis nach Südafrika und von dort aus weiter nach Australien, wo sie ihren etwas irreführenden Namen Kapstachelbeere (engl. cape gooseberry) erhielt. Heute wird sie auf allen fünf Kontinenten kultiviert.

Lagerung

Die papierzarten, lampionähnlichen Hüllen der Physalis müssen ganz trocken sein, sonst schimmeln sie leicht. Die Frucht sollte sich fest anfühlen, von gleichmäßiger Farbe sein und keine Schadstellen aufweisen. Bei Zimmertemperatur können nicht ausgereifte Kapstachelbeeren nachreifen. Im Kühlschrank sind sie einige Tage haltbar; auch das Einfrieren ist möglich.

Inhaltsstoffe

Kapstachelbeeren haben einen zitrusartigen, leicht süßlich-sauren Geschmack und sind kalorien- und fettarme Früchte, weshalb Sie sich auch gut als Snack für bereits übergewichtige Vögel eignen. Sie sind regelrechte Vitamin C-Bomben (28 mg pro 100 g) und unterstützen das Immunsystem. Zudem enthalten die Früchte hohe Mengen an β-Carotin, was die Vorstufe von Vitamin A ist, welches eine nicht unerhebliche Bedeutung bei der Fruchtbarkeit von Vögeln hat.

Hinzu kommen höhere Gehalte an B-Vitaminen, wobei das Vitamin B1 auch als Anti-Stress-Vitamin bezeichnet wird. An Mineralstoffen sind vor allem Phosphor (für den Knochenstoffwechsel) und Kalium (an der Muskeltätigkeit beteiligt) zu nennen.

Zu den Ballaststoffen gehören Pektine, welche die Verdauung unterstützen und regulieren.

Verfügbarkeit

Bei uns kommen meist Früchte aus Kenia, Südafrika und Neuseeland in den Verkauf, die dann vor allem in den Monaten Dezember bis Juli erhältlich sind. Es kann auch der Versuch unternommen werden, die Frucht in unseren heimischen Gewächshäusern zu kultivieren.

Fütterungshinweise

Nach dem Entfernen der Hülle werden die Früchte gründlich gewaschen, vor allem um sie von der harzigen Substanz am Stielansatz zu befreien. Die 1,5 bis 3 cm große Frucht kann im Ganzen an die Papageien und Weichfresser verfüttert werden.

Bedingt durch die im optimalen Reifezustand goldgelbe, ja fast rötliche Farbe wird sie meist spontan angenommen. In ihrem saftig-fleischigen Inneren beherbergt sie bis zu 180 essbare Samen, was sie vor allem bei Körnerspezialisten wie etwa Kakadus beliebt macht. Für einen zahmen Papagei ist eine Physalis – aus der Hand seines Pflegers genommen – ein willkommener Zwischendurch-Snack.

Tipp Stechen Sie die Früchte mehrmals mit einem Zahnstocher an und trocknen Sie die Früchte im Backofen. So haben Sie das ganze Jahr über Vitamin C-reiche Leckerlis, die das Immunsystem Ihres Vogels unterstützen.

Geeignet für

Groß-papageien	Großsittiche + Kleinpapageien	Wellen-sittiche	Kanarien	Wald- und Finkenvögel	Weichfresser	Ziergeflügel	Prachtfinken
✓	✓			✓	✓	✓	

Karambole / Sternfrucht

Die Karambole (*Averrhoa carambola*), auch Baumstachelbeere oder aufgrund ihres sternförmigen Querschnitts Sternfrucht genannt, ist neben dem Gurkenbaum eine von zwei Arten aus der Gattung der Gurkenbäume. Diese gehören zur Familie der Sauerkleegewächse (*Oxalidaceae*). Die fünfkantigen (manchmal auch sechskantigen) Früchte haben ein knackiges, saftiges Fleisch, das sich je nach Sorte bei der Reife weißlichgelb bis orangegelb verfärbt.

Herkunft und Geschichte

Als ursprüngliche Heimat der Karambole gilt Südostasien, möglicherweise stammt sie aus Indien oder Sri Lanka. In einer botanischen Abhandlung über Indonesien aus dem 17. Jahrhundert wird sie erwähnt. Heute baut man sie im gesamten südostasiatischen Raum an, aber auch in Australien, Mittel- und Südamerika sowie in Florida und auf Hawaii.

Lagerung

Trotz ihres recht zarten Aussehens sind Sternfrüchte unempfindlich. Bei Zimmertemperatur gelagert, halten sie sich einige Tage, im Kühlschrank bis zu zwei Wochen. Beim Kauf achte man auf gleichmäßig gefärbte, feste Früchte, deren Rippenkanten noch nicht dunkel sind. Karambolen reifen nach der Ernte nicht nach, sind aber recht druckempfindlich, weshalb sie meist einzeln in Seidenpapier verpackt werden. Während der Lagerung können die Längsrippen leicht bräunlich werden – dieses ist ein Reifezeichen und bedeutet, dass die Früchte spätestens jetzt verbraucht werden sollten.

Inhaltsstoffe

Sternfrüchte enthalten in erster Linie Wasser und sind daher sehr kalorienarm. Zudem besitzen sie viel Vitamin C sowie etwas Provitamin A. Karambolen sind überdies recht säurehaltig; hier sind Oxal-, Wein- und Apfelsäure zu nennen. Bei den Mineralstoffen dominieren Kalium (Erregbarkeit von Muskel- und Nervenzellen) sowie Eisen (Blutbildung).

Verfügbarkeit

Da die Früchte heute in geringem Umfang in allen tropischen Gebieten der Erde angebaut werden und bis zu dreimal jährlich Ernteertrag bringen, sind sie bei uns nahezu ganzjährig erhältlich. Auf den deutschen Markt gelangen hauptsächlich Importe aus Malaysia, Thailand und Brasilien. In Europa ist der Anbau bisher nur in kleinen Mengen in südlichen Ländern wie Italien gelungen.

Fütterungshinweise

Nach einem gründlichen Waschen kann die ganze Sternfrucht – einschließlich der Schale – verfüttert werden. Die quer in Scheiben geschnittenen Sternfrüchte wirken auf die meist recht neugierigen Papageien wegen ihrer außergewöhnlichen Form und ihrer intensiven Gelbfärbung besonders anziehend.

So kann man vor allem zahme Papageien, Sittiche oder Loris leicht an die zuvor fremde Frucht heranführen. Die Schale kann mit verfüttert werden. Sehr hell aussehende Früchte werden in der Regel besser angenommen. Die Akzeptanz dieser Frucht ist leider sehr unterschiedlich, da ihr Geschmack sehr stark variieren kann. Von neotropischen Papageien- und Sitticharten und Loris wird sie in aller Regel gerne gefressen.

Tipp Die Sternfrucht weist neben einem hohen Feuchtegehalt einen nur geringen Zucker- und damit Energiegehalt auf. Aus diesem Grund ist sie das ideale Obst für Papageien (z.B. Amazonen), die leicht übergewichtig sind und abnehmen müssen.

Achtung: Im Humanbereich wird empfohlen, die Früchte nicht bei nierenkranken Menschen einzusetzen. Ob hier auch eine Gefahr für Ziervögel besteht, dazu liegen bisher keine Berichte vor. Vögeln, die an einer Niereninsuffizienz leiden, sollten die Früchte aus Vorsicht jedoch nicht angeboten werden.

Geeignet für

Groß-papageien	Großsittiche + Kleinpapageien	Wellen-sittiche	Kanarien	Wald- und Finkenvögel	Weichfresser	Ziergeflügel	Prachtfinken
✓	✓				✓		

Kirsche

Kirschen (*Prunus* spp.) gehören zur großen Familie der Rosengewächse (Rosaceae). Sie werden vor allem in den gemäßigten Zonen der nördlichen Halbkugel angebaut und zählen zu den ältesten und beliebtesten Obstsorten.

Herkunft und Geschichte

Kirschen wurden in Kleinasien schon vor über zweitausend Jahren kultiviert; die Römer brachten sie ins Römische Reich. Seit dem 1. Jahrhundert n. Chr. werden sie in Deutschland, Frankreich und England angebaut.

Während die Sauerkirsche (*Prunus cerasus*) aus dem Gebiet zwischen Kaspischem Meer und Nordindien stammt, erstreckt sich die Heimat der Süßkirsche (*Prunus avium*) von der Türkei bis nach Westsibirien.

Lagerung

Wegen ihrer schlechten Haltbarkeit müssen Kirschen schnell verarbeitet werden. Da sie den Geruch anderer Lebensmittel annehmen, scheidet die Lagerung im Kühlschrank aus. Die roten Früchte können mit oder ohne Stein eingefroren oder auch eingeweckt werden.

Inhaltsstoffe

Kirschen sind zwar süß, bestehen aber bis zu 85 % aus Wasser und sind daher sehr kalorienarm. Sie

sind reich an Ballaststoffen und enthalten viel Kalium, Eisen, Vitamin C und fast alle Vitamine der B-Gruppe. Zu betonen ist auch der Gehalt an Folsäure; dieses Vitamin ist insbesondere während der Fortpflanzungsphase von besonderer Bedeutung. Süßkirschen unterscheiden sich hinsichtlich der Inhaltsstoffe von den Sauerkirschen lediglich durch ihren höheren Zucker- und niedrigeren Fruchtsäuregehalt.

Verfügbarkeit

Unterschiedliche Kirschsorten haben unterschiedliche Reifezeiten – daher wird auch von sogenannten Kirschwochen gesprochen. Die Saison für heimische Kirschen und europäische Importe dauert von Anfang Juni bis Anfang September. Kirschen reifen nach der Ernte nicht nach und verderben schnell. Von Oktober bis Februar kommen kleine Mengen an Importware aus Südamerika, Südafrika, Australien und Neuseeland in den Handel.

Da Kirschen nicht nachreifen, sollte man sie reif und voll ausgefärbt ernten oder kaufen. Ein Garant für frische Ware ist die grüne Farbe des Stils.

Fütterungshinweise

Kirschen sind ausgesprochene Leckerbissen für alle Papageien, kaum ein Vogel, der sie nicht mit Begeisterung annimmt. Dabei wird den Süßkirschen natürlich Vorrang gegeben. Allerdings werden auch Sauerkirschen keineswegs verachtet. Dunkelfruchtige Sorten sind oft besonders aromatisch und süß, sie werden daher mit Vorliebe gefressen.

Vor dem Verfüttern sollten die Kirschen gut gewaschen und die Steine zumindest der Sauerkirschen entfernt werden (sie sind leicht blausäurehaltig). Besonders gekaufte Ware muss gut auf Schimmelbildung untersucht werden. Kirschenliebhaber finden sich besonders unter den Loris und den Plattschweifsittichen (*Platycercus* spp.).

Selbst wenn Kirschen mit Maden befallen sind, können Sie an die Ziervögel verabreicht werden – die Maden stellen in diesem Fall einen willkommenen eiweißreichen „Snack“ dar.

Tipp Legen Sie bei Verfütterung von Kirschen Zeitungspapier unter den Freisitz. Bedingt durch die rote Farbe färbt sich auch der Kot entsprechend und kann zu Flecken auf dem Fußboden führen. Teilen Sie bei weißfiedrigen Vögeln (Kakadus) Ihrer Familie mit, dass Sie Kirschen verfüttern. Eine durch die Kirschenaufnahme bedingte rote Verfärbung des Gefieders im Kopf- und Brustbereich kann leicht mit einer Blutung verwechselt werden und zu einer unnötigen Panik führen.

Geeignet für

Groß-papageien	Großsittiche + Kleinpapageien	Wellen-sittiche	Kanarien	Wald- und Finkenvögel	Weichfresser	Ziergeflügel	Prachtfinken
✓	✓	✓	✓	✓	✓	✓	

Kiwi

Die Kiwi (*Actinidia chinensis*) gehört zur Familie der Strahlengriffelgewächse (*Actinidiaceae*), deren Mitglieder Kletterpflanzen sind und die in Ostasien, Java und im Himalaya beheimatet sind. Die etwa hühnereigroße Kiwibeere mit der rauen Schale hat circa 800 dunkle Samen, die strahlenkranzartig zwischen feinen Fruchtlamellen eingebettet sind. Von Kiwis gibt es mehrere Arten. Kiwis mit grünem Fruchtfleisch sind etwas säuerlich, Kiwis mit „goldenem" bzw. leicht gelblichem Fruchtfleisch sind hingegen im Geschmack etwas süßer und milder.

Herkunft und Geschichte

Ursprünglich stammt die Kiwi aus China, weshalb sie auch den Namen „Chinesische Stachelbeere" bekam. Sie fand bereits im 15. Jahrhundert Erwähnung. 1906 kam sie nach Neuseeland. 1952 wurde die „Chinesische Stachelbeere" von einem amerikanischen Importeur nach dem in Neuseeland beheimateten, flugunfähigen Vogel Kiwi (*Apteryx australis*) benannt. Mittlerweile ist die Kiwi auch in ganz Europa kultiviert, das Hauptanbaugebiet bleibt aber Neuseeland.

Lagerung

Kiwis lassen sich gut transportieren und lagern. Man sollte beim Kauf mittelharte Früchte wählen, die auf Fingerdruck nur leicht nachgeben. Bei Raumtemperatur reifen harte, noch unreife Kiwis bei gemeinsamer Lagerung mit Bananen oder Äpfeln besonders schnell nach.

Inhaltsstoffe

Die Kiwi hat einen extrem hohen Vitamin-C-Gehalt, der etwa doppelt so hoch ist wie bei Zitronen. Außerdem enthält sie nennenswerte Anteile an Kalium, Kalzium, Phosphor, Magnesium und Eisen.

Eine Besonderheit der Kiwi ist das Enzym Actinidain. Dieses spaltet Eiweiße und hilft dem Körper, Eiweiße besser aufzunehmen. Aus diesem Grund eignen sich hochreife Kiwis insbesondere in der Aufzucht von Jungvögeln.

Verfügbarkeit

Ende der 1970er Jahre war die Kiwi noch eine Rarität in den Obstgeschäften, doch seit den 1990er Jahren ist sie jederzeit und überall zu gleichbleibend günstigen Preisen erhältlich. Deutschland ist weltweit der größte Kiwi-Abnehmer. Geschickten Gärtnern gelingt es aber auch, Kiwis im eigenen Garten anzubauen.

Fütterungshinweise

Bei selbst angebauten Kiwis bzw. Bio-Früchten kann die Schale mit verfüttert werden. Ansonsten wird die Kiwi geschält, das Fruchtfleisch in kleine Stücke geschnitten und gemeinsam mit anderen Früchten zu einem „Obstsalat" verarbeitet.

Durch ihre extreme Süße ist es von Vorteil, die Kiwis gemeinsam mit etwas säuerlichen Fruchtsorten zu reichen, um somit das Aroma – sowohl der süßen als auch der sauren Früchte – ein wenig abzumildern.

Mit diesem Trick nehmen Kiwi-Fanatiker wie etwa Amazonen (*Amazona* spp.) oder Springsittiche (*Cyanoramphus auriceps*) auch die sauren Bestandteile der Mischung mit auf. Man kann die Kiwi auch in zwei Hälften geteilt und an Ästen aufgespießt anbieten.

Tipp Vitamin C stimuliert das Immunsystem. Füttern Sie daher etwa 2 bis 3 Wochen vor möglichen Stresssituationen (z.B. Routineuntersuchung beim Tierarzt) Kiwis. Zudem ist die Verarbeitung in Smoothies für Ziervögel (s. S. 148) möglich.

Geeignet für

Groß-papageien	Großsittiche + Kleinpapageien	Wellen-sittiche	Kanarien	Wald- und Finkenvögel	Weichfresser	Ziergeflügel	Prachtfinken
✓	✓	✓	✓	✓	✓	✓	

Kumquat

Die Goldorangen (*Fortunella* spp.), besser unter dem geläufigeren Namen Kumquat bekannt, gehören wie alle Zitrusfrüchte zur Familie der Rautengewächse (*Rutaceae*). Mehrere Arten der Gattung werden kultiviert. Die etwa pflaumengroßen runden oder ovalen Früchte werden mitsamt der süßen Schale verzehrt.

Herkunft und Geschichte

Die Heimat der Kumquat sind das südöstliche China und Vietnam. Der englische Botaniker Robert Fortune brachte sie 1846 von dort mit nach Europa. Ihr wissenschaftlicher Name *Fortunella* geht auf ihn zurück. Die Kumquatpflanzen wachsen als immergrüne, dicht verzweigte kleine Bäume oder Sträucher, die auch als Zierpflanzen sehr beliebt sind. Kumquats gedeihen heute in vielen Teilen der Erde, in den Mittelmeerländern ebenso wie im ostasiatischen Raum, in Südafrika, Südamerika, Kalifornien und Florida.

Lagerung

Ihrer zarten Schale wegen sind Kumquats leichter verderblich als andere Zitrusfrüchte. Bei Raumtemperatur aufbewahrt, sollten sie innerhalb weniger Tage verzehrt werden. Im Kühlschrank halten sie sich etwa zwei Wochen lang.

Inhaltsstoffe

Die Frucht ist reich an Pektin und Mineralstoffen (vor allem Kalium, Kalzium und Phosphor) sowie den Vitaminen B_1, B_2 und C. Darüber hinaus ist die Goldorange eine gute Kupferquelle.

Verfügbarkeit

Kumquats sind beinahe ganzjährig erhältlich. Hauptsaison für Lieferungen aus den Mittelmeerländern sind die Wintermonate. Einfuhren aus Übersee kommen auch in den Sommermonaten nach Mitteleuropa.

Fütterungshinweise

Das in vier bis sieben Segmente unterteilte Fruchtfleisch der Kumquat ist nicht besonders saftig und hat eine herb-säuerliche Note. Die Schale hingegen schmeckt süß und strömt einen angenehmen Duft aus. Daher sollte die Goldorange nur im Ganzen an die Papageien und Sittiche verfüttert werden, aufgeschnitten wird sie nicht gerne angenommen. Aufgrund ihrer Größe kommt sie somit nur für mittelgroße und große Papageien als Delikatesse in Frage, denn nur diese können sie mit dem Fuß festhalten.

Besonders zahme Papageien – vor allem Amazonen – nehmen gerne eine Kumquat aus der Hand des Pflegers. Wenn der Großteil der enthaltenen Flüssigkeit aufgenommen worden ist, wird der Rest meist fallen gelassen. Obwohl die Früchte unbehandelt in den Handel kommen, sollten sie vor dem Verfüttern gut abgewaschen werden.

Außerdem...

Auch von Vögeln, die diese kleine Zitrusfrucht noch nie gefressen haben, wird die Kumquat meist schon beim ersten Versuch akzeptiert.

Tipp Zur Lagerfähigkeit werden Kumquats zumeist kandidiert. Solche Früchte eignen sich aufgrund des hohen Zuckergehaltes nicht für die Verfütterung an unsere Vögel, vor allem halbiert bei großen Fruchtfresssern.

Geeignet für

Groß-papageien	Großsittiche + Kleinpapageien	Wellen-sittiche	Kanarien	Wald- und Finkenvögel	Weichfresser	Ziergeflügel	Prachtfinken
✓	✓				✓		

Limette und Zitrone

Limetten (*Citrus aurantiifolia*) und Zitronen (*Citrus limon*) sind eng miteinander verwandt. Sie wachsen an immergrünen Bäumen und gehören zur Familie der Rautengewächse (*Rutaceae*). Zitronen können das ganze Jahr über blühen und Früchte tragen.

Herkunft und Geschichte

Die Zitrone wurde schon bei Johann Wolfgang von Goethe erwähnt: Kennst du das Land, wo die Zitronen blühen? Gemeint war Italien und auch heute noch verbindet man die Zitronen mit dem Mittelmeerraum. Woher sie wirklich stammt, ist nach wie vor ungeklärt – als Ursprungsland diskutiert werden Nordostindien wie auch Südwestchina. Limetten stammen vermutlich aus Malaysia. Im Mittelalter haben Kreuzfahrer und Reisende beide Sorten nach

Europa gebracht; in Spanien und im Mittelmeerraum fanden die wärmeliebenden Zitrusfrüchte schnell Verbreitung. In Italien galt es während der Renaissance als schick, wenn reiche Familien wie die Medici Zitronenhäuser besaßen, in denen kostbare Sammlungen diverser Zitronenbäumchen ausgestellt wurden.

Bei Ausgrabungen in einem Tempel in Pompeji wurden sechs Kerne gefunden, bei denen es sich um Zitruskerne handelte. Heute werden Zitronen hauptsächlich in den USA, Argentinien, Indien, Spanien, Italien und der Türkei produziert; die Hauptanbaugebiete der Limette findet man in Malaysia, Indien, Mexiko und Brasilien.

Lagerung

Die kälteempfindlichen Zitrusfrüchte sollten nicht zu kühl gelagert werden; bei Temperaturen um die 10 °C bleiben Zitronen und Limetten wegen ihrer natürlichen Säure mehrere Wochen lang frisch. Bei Zimmertemperatur gelagert trocknen sie rasch aus und müssen früher verbraucht werden.

Inhaltsstoffe

Zitronen gehören zu den gesündesten Früchten. Sie enthalten viel Wasser und kaum Fett und sind somit bei der Gewichtsreduktion unerlässlich. Zitrusfrüchte enthalten reichlich Vitamin C – Limetten etwas weniger als Zitronen.

Als weitere wichtige Inhaltsstoffe sind Kalium, Kalzium und Phosphat zu nennen.

Verfügbarkeit

Zitronen aus Spanien sind das ganze Jahr über erhältlich; auch Limetten sind immer auf unseren Märkten zu finden. Die Hauptangebotszeit ist wie bei allen Zitrusfrüchten im Winter.

Fütterungshinweise

Die Zitrone ist eine besonders vitalstoffreiche Frucht. Aufgrund ihres sauren Geschmacks wird sie allerdings nur in geringen Mengen aufgenommen, so dass dieser Reichtum an Inhaltsstoffen nicht im gesamten Umfang genutzt werden kann.

Tipp Verdünnen Sie frisch gepressten Zitronen- oder Limettensaft mit Wasser und stellen Sie so eine „kalte Zitrone“ her. Diese wird von Papageien und Sittichen gerne getrunken und stimuliert das Immunsystem der Vögel. Einige Spritzer Zitronensaft zu einem Obstsmoothie auf der Basis von Bananen und Äpfeln verhindert, dass die Mischung unappetitlich braun wird.

Geeignet für

Groß-papageien	Großsittiche + Kleinpapageien	Wellen-sittiche	Kanarien	Wald- und Finkenvögel	Weichfresser	Ziergeflügel	Prachtfinken
✓	✓				✓		

Litschi, Longan und Rambutan

Sowohl Litschi als auch Longan und Rambutan gehören der Familie der Seifenbaumgewächse (*Sapindaceae*) an. Sie schmecken sehr ähnlich und weisen vergleichbare Inhaltsstoffe auf, weshalb sie an dieser Stelle zusammengefasst werden sollen. Die kleinen schuppig beschalten Litschis sind auch als „Liebesfrucht" bekannt.

Herkunft und Geschichte

Während die Litschi (*Litchi chinensis*) und die Longan (*Dimocarpus longan*) ursprünglich aus China kommen, liegt die Heimat der Rambutan (*Nephelium lappaceum*) in den feuchtwarmen Gebieten des malaiischen Archipels.

Ab dem 17. Jahrhundert wurden Litschis nach Thailand, Indien und Myanmar eingeführt und dort angebaut. Heute ist ihre Heimat in allen Regionen der Erde, die über ein warmes, subtropisches Klima verfügen. Hauptanbaugebiete sind aber auch heute noch Asien und Südostasien.

Lagerung

Litschi, Longan und Rambutan reifen nach der Ernte kaum nach und müssen daher fast reif geerntet werden. Litschis, die beim Kauf bereits eine braune Schale aufweisen (bei der Ernte ist die Schale rot), sollten bald verbraucht werden.

Bei noch nicht allzu bräunlicher Färbung sind die Früchte noch einige Tage im Kühlschrank lagerfähig. Bei den anderen beiden Arten ist die Lagerung problematischer; wegen langer Transportwege müssen auch sie baldmöglichst verarbeitet werden.

Inhaltsstoffe

Während die Longan einen etwas höheren Gehalt an Mineralstoffen als ihre nächsten Verwandten aufweist, verfügt die Rambutan über nennenswerte Mengen an Eisen. Alle drei Arten sind gute Quellen für Vitamin C.

Besonders hinzuweisen ist auch auf den Phosphorgehalt der Früchte, der für den Knochenstoffwechsel von besonderer Bedeutung ist.

Verfügbarkeit

Die Litschi ist durch Importe aus verschiedenen Erzeugerländern nahezu ganzjährig mit ausreichendem Angebot bei uns erhältlich; die Longan (Juni bis August) und die Rambutan (Juni bis Oktober, Dezember bis Februar) hingegen findet man nur saisonal bei sehr gut sortierten Obstfachhändlern, z.B. in den Markthallen der Großstädte.

Fütterungshinweise

Während die Longan weniger adstringierend und milder als die Litschi schmeckt, ist die Rambutan etwas süßer und aromatischer als diese. Deswegen werden die beiden exotischen Verwandten von den Papageien oftmals den bekannten Litschis vorgezogen. Alle drei Arten sollten geschält und entkernt werden, bevor den Vögeln das Fruchtfleisch angeboten wird. Sicher werden diese Früchte – allein schon auf Grund ihres hohen Preises und der aufwendigen Verarbeitung – ein nur gelegentlich gereichter Leckerbissen auf dem Speiseplan sein, der allerdings von vielen Vögeln gerne und dankbar angenommen wird.

Tipp Feuchten Sie die Litschi in einer Schale mit Wasser an, „panieren“ Sie diese mit einem vitaminierten Mineralfutter und lassen Sie diese Umhüllung trocknen. Bedingt durch die äußere Struktur der Schale bleibt dieser Überzug gut haften und wird vom Vogel beim Entschalen aufgenommen.

Geeignet für

Großpapageien	Großsittiche + Kleinpapageien	Wellensittiche	Kanarien	Wald- und Finkenvögel	Weichfresser	Ziergeflügel	Prachtfinken
✓	✓	✓			✓		

Der Mangobaum (*Mangifera indica*) ist neben der Banane die wichtigste Obstpflanze der Tropen, und seine Häufigkeit ist mit der des Apfelbaumes in den gemäßigten Breiten vergleichbar. Die Früchte sind von einer dünnen, glatten Schale umgeben; das Fruchtfleisch ist in Abhängigkeit zur Sorte und Reifungsgrad, saftig weich bis faserig. Die Mango ist wie der Pfirsich oder die Olive eine Steinfrucht.

Herkunft und Geschichte

In Ostindien wurde der Mangobaum bereits vor mehr als 4.000 Jahren kultiviert. Portugiesische Eroberer brachten die Frucht um 1700 auch nach Brasilien und Südafrika. Sie ist die Nationalfrucht von Indien, Pakistan und den Philippinen. Heute wächst *Mangifera indica* in nahezu allen tropischen und subtropischen Regionen der Erde. Es gibt mehr als 1.000 Sorten, die sich in Fruchtform und -größe, Textur, Geschmack und Klimaansprüchen unterscheiden.

Manche Früchte sind klein wie ein Pfirsich, andere groß wie eine Melone. Die Mangobäume werden bis zu 30 Meter hoch, bilden eine große Krone und sind immergrün.

Lagerung

Meist kommen Mangos recht unreif auf den Markt, sie lassen sich dann bei Zimmertemperatur lagern. Als wärmeliebende Frucht vertragen sie keine kühlen Temperaturen. Erst wenn die Früchte auf leichten Druck nachgeben und anfangen zu duften, sind sie reif für den Verzehr.

Inhaltsstoffe

Mangos enthalten große Mengen an Vitaminen, u.a. Vitamin A, B_3, B_5, B_6, C und E. Überdies sind die süßen Früchte sehr kaliumreich, was sie entwässernd und entgiftend wirken lässt.

Verfügbarkeit

Im Handel werden ganzjährig frische Mangos angeboten, die je nach Jahreszeit aus verschiedenen Ländern kommen. Die Hauptanbaugebiete liegen in Indien, China, Thailand und Mexiko.

Fütterungshinweise

Der große Kern der Mango lässt sich nicht vom Fruchtfleisch lösen. Deshalb schneidet man am besten, nachdem man die Frucht geschält hat, von außen um den Kern herum das Fruchtfleisch in Scheiben ab, die dann, wiederum in kleine Stückchen geschnitten, den Papageien zusammen mit anderem Obst oder aber separat in einem Futternapf gereicht werden können. Halbiert – der Kern wird herausgeschnitten – an einem Ast aufgespießt, finden die Vögel die Frucht meist noch interessanter und fangen sogleich an, sie zu „bearbeiten".

Große Papageien wie Aras (*Ara* spp., *Anodorhynchus* spp.) oder Palmkakadus (*Probosciger aterrimus*) kann man auch einen ganzen Mangostein geben, der dann mit Genuss bearbeitet wird.

Außerdem ...

Da die Mango mit zunehmendem Reifegrad immer süßer und saftiger wird, ist sie – zur richtigen Zeit gereicht – sicher ein willkommener Leckerbissen für nahezu alle Gefiederten.

Weißflügelsittich

Tipp Frische Mango wirkt aufgrund des höheren Kaliumgehaltes entwässernd. Dieses hat bei Vögeln mit Nierenproblemen bzw. Gicht eine unterstützende Wirkung. Zugleich ist aber zu berücksichtigen, dass die Vögel dann auch einen höheren Harnsäureanteil ausscheiden. Da Vögel Kot und Harn gemeinsam als Exkremente absetzen, entsteht dann häufig fälschlicherweise der Eindruck, dass der Vogel Durchfall hat.

Geeignet für

Groß-papageien	Großsittiche + Kleinpapageien	Wellen-sittiche	Kanarien	Wald- und Finkenvögel	Weichfresser	Ziergeflügel	Prachtfinken
✓	✓				✓		

Maracuja / Passionsfrucht

Beide oben genannten Früchte haben einiges gemeinsam, weshalb sie vermutlich häufig verwechselt bzw. sogar für die gleiche Frucht gehalten werden. Beide Früchte gehören zur Gattung der Passionsblumen. Bei den Früchten der gelbgrünen Varietät var. *flavicarpa* handelt es sich um die Maracuja, die aromatische dunkelfruchtige Sorte var. *edulis* dagegen wird als Passionsfrucht oder Purpurgranadillas bezeichnet.

Beide Früchte können auch anhand des Geschmacks unterschieden werden: während die Passionsfrucht eher „süßlich" schmeckt, ist die Maracuja eher säuerlich. Die im Artenkomplex der Passionsfrüchte ebenfalls oft erwähnten süßen Granadillas hingegen gehören einer eigenen Art (*Passiflora ligularis*) an.

Herkunft und Geschichte

Spanische Missionare entdeckten als Erste die Passionsblume *Passiflora caerulea*, nach der die Familie der Passionsfrüchte benannt ist und welche in den tropischen und subtropischen Regionen Südamerikas beheimatet ist. In ihrer Blüte meinten sie alle Attribute wieder zu finden, welche für das Leiden Christi stehen. Sie deuteten die Entdeckung der Pflanze als Zeichen, die Indianer zum Christentum zu bekehren. Daher der deutsche Name Passionsblume.

Die dunklen Purpurgranadillas werden heute kommerziell in Brasilien, Venezuela und auf Hawaii angebaut, die gelben Maracujas dagegen in Südafrika, Sri Lanka, Taiwan, Australien und Neuseeland.

Lagerung

Reife Passionsfrüchte können mit oder ohne Schale etwa eine Woche im Kühlschrank aufbewahrt werden. Bei Zimmertemperatur halten sich die Früchte etwa 8 Tage. Das Fruchtfleisch – püriert und luftdicht verpackt – hält sich im Tiefkühlfach mehrere Monate.

Inhaltsstoffe

Wenig Kalorien und einen hohen Gehalt an Vitaminen (Vitamin C, Provitamin A) machen die Früchte zu einem gesunden Snack. Neben Kalium und Eisen enthalten die Früchte vor allem Magnesium, welches beruhigend wirkt. Aus diesem Grund eignen sich die Früchte besonders bei gestressten Tieren (neue Umgebung, Verpaarung, Tierarztbesuche).

Verfügbarkeit

Passionsfrüchte kommen bei uns ganzjährig in den Handel; man findet meist die dunklen Purpurgranadillas. Oft sind die exotischen Früchte nur bei gut sortierten Obst- und Gemüsefachhändlern zu bekommen.

Fütterungshinweise

Die beiden Varietäten der Maracuja (gelb und violett) sind im Geschmack sehr ähnlich. Da die purpurfarbenen Früchte allerdings ein fruchtiges Aprikosenaroma aufweisen und somit insgesamt etwas aromatischer sind, werden sie von den Papageien, Weichfressern und Ziergeflügelarten den gelben Früchten vorgezogen. Zahmen Großpapageien können halbierte Früchte gereicht werden. Die Krummschnäbel halten sie mit dem Fuß fest und fressen das leckere, mit zahlreichen Samen durchsetzte geleeartige Fruchtfleisch heraus.

Da unreife Passionsfrüchte recht sauer sein können, muss der passende Fütterungszeitpunkt gefunden werden. Man erkennt reife Purpurgranadillas leicht an der verschrumpelten Schale, die keine Druckstellen aufweisen darf. Unreife Früchte hingegen haben eine glatte Schale. Weil die Zugabe von Maracujas das Aroma anderer Früchte aufbessert, kann dies eine Möglichkeit sein, die Papageien an weitere, sonst verschmähte Früchte heranzuführen.

Selbst von den schwer an Obst zu gewöhnenden Graupapageien (*Psittacus erithacus*) wird die Maracuja in der Regel dankbar als Abwechslung im Speiseplan angenommen.

Tipp Pürieren Sie die Maracuja und streichen Sie die Fruchtmasse durch ein Sieb. Der Saft kann dem Tränkwasser zugefügt werden und steigert die Flüssigkeitsaufnahme der Vögel.

Geeignet für

Groß-papageien	Großsittiche + Kleinpapageien	Wellen-sittiche	Kanarien	Wald- und Finkenvögel	Weichfresser	Ziergeflügel	Prachtfinken
✓	✓				✓		

Papaya und Babaco

Die Papaya (*Carica papaya*) gehört zu den Melonenbaumgewächsen (*Caricaceae*); sie hat dabei zwar gewisse Ähnlichkeiten mit Melonen, der Geschmack unterscheidet sich aber deutlich. Ihr Name geht auf die karibische Bezeichnung „Apapai" zurück. Im Deutschen bezeichnet man die Papaya auch als Baummelone. Die Früchte werden zwischen 15 und 45 cm lang, ihr Gewicht kann bis zu 6 kg betragen.

Herkunft und Geschichte

Bis zur Entdeckung Amerikas war die Papaya nur in Mittelamerika (vor allem in Mexiko) verbreitet. Inzwischen werden die Früchte überall in den Tropen und Subtropen angebaut. Der größte Lieferant ist Brasilien, daneben kommen Früchte aus Ecuador, Thailand und Ghana nach Europa.

Lagerung

Da Papayas recht empfindlich sind, sollten sie alsbald verbraucht werden. Im Kühlschrank können sie einige Tage aufbewahrt werden. Früchte von guter Qualität sind nicht zu weich; während das Fruchtfleisch orangerot ist, weist die Schale eine gelblich-grüne Farbe auf. Papayas mit grünem Fruchtfleisch wurden zu früh gepflückt; sie reifen nicht mehr nach.

Inhaltsstoffe

Papayas verdienen zu Recht die Bezeichnung Superfood. Sie sind sehr reich an Provitamin A und enthalten außerdem die Vitamine B_1, B_2, B_5 und C sowie reichlich Ballaststoffe. Die Frucht enthält ein eiweißspaltendes Enzym, das Papain, welches die Verdauung unterstützt. Neben Lysozymen kommen zudem auch Lipasen vor.

Verfügbarkeit

Aus den Hauptexportländern werden die tropischen Früchte ganzjährig nach Europa importiert, so dass sie regelmäßig im gut sortierten Handel erhältlich sind.

Fütterungshinweise

Vor dem Verfüttern sollte die nicht essbare Schale entfernt werden. Dann wird die Frucht halbiert und die zahlreichen schwarzen Kerne werden entfernt. Die so entstandenen „Boote“ werden am besten in kleine Stücke geschnitten; auf Grund ihres recht glitschigen Fruchtfleisches eignet sich die halbierte Frucht schlecht zum Aufspießen an einer Sitzstange oder Ähnlichem. Die Früchte können halbiert und entkernt besonders auch Loris angeboten werden, welche das Fruchtfleisch mit der Pinselzunge „aufsaugen“. Solche halbierten Früchte, auf den Boden gelegt, sind auch eine Delikatesse für Ziergeflügel, welche das Fruchtfleisch herauspicken.

Zusammen mit anderen tropischen Früchten kann man einen exotischen Fruchtsalat mischen, der besonders von neotropischen Papageien oder Loris begeistert aufgenommen wird. Durch ihren melonenähnlichen Geschmack stellt die Papaya eine willkommene Abwechslung zu den Zucker- und Honigmelonen auf dem Speiseplan dar.

Außerdem ...

Papayaliebhabern unter den Vögeln kann zur Abwechslung auch die nah verwandte Babaco (*Carica pentagona*) – auch Berg-Papaya und auf Englisch „Champagne Fruit“ (Champagnerfrucht) genannt – angeboten werden. Diese ist hauptsächlich von Oktober bis Dezember auf unseren Märkten erhältlich. Die Frucht ist bis zu 30 cm lang und bis zu 2 kg schwer. Vollreife Früchte haben eine gelbe Schale (im unreifen Zustand grün). Sowohl die Schale wie auch das Fruchtfleisch der reifen Babaco sind essbar. Die Inhaltsstoffe entsprechen denen der Papaya.

Blauwangen-Bartvogel

Tipp Pürieren Sie die Papaya und frieren Sie das Mus in kleinen Portionen ein. Aufgrund des Papain, der Lipasen und der Lysozyme eignet sich hochreifes Fruchtfleisch zum Anrühren von Aufzuchtfutter, um die Verdauung im Kropf von Nestlingen zu fördern. Ein Muss bei Borstenköpfen. Zudem hat sich das Fruchtmus bei Problemen in der Kropfverdauung (Kropf entleert sich nur verzögert oder gar nicht) bewährt. Papayas sind zudem eine hervorragende Frucht bei Papageien, die zur Verfettung neigen (z.B. Amazonen, Rosakakadus).

Geeignet für

Groß-papageien	Großsittiche + Kleinpapageien	Wellen-sittiche	Kanarien	Wald- und Finkenvögel	Weichfresser	Ziergeflügel	Prachtfinken
✓	✓				✓	✓	

Pfirsich, Weinbergpfirsich, Plattpfirsiche & Nektarine

Wie der Apfel oder die Pflaume gehört auch der Pfirsich (*Prunus persica*) zur großen Familie der Rosengewächse (*Rosaceae*). Bei der Nektarine ging man irrtümlich davon aus, dass es sich um eine Kreuzung von Pflaume und Pfirsich handelte. In Wahrheit handelt es sich um eine Mutation des Pfirsichs, also eine Unterart. Auch die Plattpfirsiche sind aus einer Mutation des herkömmlichen Pfirsichs entstanden. Weinbergpfirsiche sind kleine bis mittelgroße Früchte, deren Fruchtfleisch im reifen Zustand grün, gelb bis rot („Blutpfirsich") ist. Dieser Pfirsich ist aromatisch, aber weniger süß als sonstige Pfirsiche.

Herkunft und Geschichte

Im Jahre 2015 wurden bei Bauarbeiten im Südwesten Chinas versteinerte Pfirsichkerne gefunden. Ein Forscherteam vom Tropical Botanical Garden fand heraus, dass der Pfirsich wohl aus China stammt und bereits lange vor den Menschen verbreitet war. Seit mehr als 2.000 Jahren wird der Pfirsich kultiviert. Von China aus gelangte er nach Japan, Persien, Griechenland und Italien. Die Römer lernten ihn vermutlich auf ihren Eroberungszügen in Persien kennen, worauf sein wissenschaftlicher Name hindeutet. Da der Pfirsich auf frostfreie Winter und warme Sommer angewiesen ist, wird er in Europa nur in südlichen Regionen angebaut. Die Nektarine (*Prunus persica* var. *nucipersica*) gilt heute als Spezialform des Pfirsichs; über ihre Herkunft bzw. Entstehung gibt es widersprüchliche Theorien.

Weinbergpfirsiche werden seit dem 16. Jahrhundert im unteren Moselgebiet, aber auch anderen Weinbaugebieten angebaut und geerntet.

Lagerung

Da Pfirsiche nur sehr begrenzt – am besten gekühlt – haltbar sind, sollten sie unbedingt reif gekauft werden, denn es bleibt kaum Zeit zum Nachreifen. Weil gekaufte Pfirsiche und Nektarinen meist bereits längere Transportwege hinter sich haben, empfiehlt sich eine schnelle Verarbeitung.

Inhaltsstoffe

Pfirsiche enthalten vor allem Provitamin A und Vitamine der B-Gruppe. An Mineralstoffen sind Kalzium, Phosphor, Kalium und Eisen zu nennen. Das Fruchtfleisch wirkt harntreibend und leicht abführend.

Zudem sind Pfirsiche reich an Polyphenolen (z.B. Flavonoiden), die heilende Eigenschaften haben. Zu diesen Polyphenolen gehören auch die Chlorogensäure, welche das Erbgut vor Schäden bewahrt und daher besonders während der Zuchtperiode von Bedeutung ist, sowie das Quercetin, welches gegen Krebs helfen soll.

In der Schale der Pfirsiche (v.a. beim Weinbergpfirsich) sind Anthocyane enthalten, die das Herz-Kreislauf-System unterstützen. Bereits die alten Römer setzten die Frucht in der Heilkunde ein, um den Blutdruck zu senken sowie die Verdauung und Nierenfunktion zu unterstützen.
Nektarinen enthalten im Gegensatz zu Pfirsichen deutlich mehr an Kalorien, gleichzeitig weisen sie aber die sechsfache Menge an Provitamin A auf.

Verfügbarkeit

Pfirsiche und Nektarinen sind bedingt durch Importe aus verschiedenen Erdteilen ganzjährig bei uns erhältlich, wobei das größte Angebot von Juni bis September auf unseren Märkten zu finden ist. In den Sommermonaten stammen die Einfuhren aus südeuropäischen Ländern, in den Wintermonaten hauptsächlich aus Chile und Südafrika.

Fütterungshinweise

Konventionell angebaute Pfirsiche und Nektarinen sind meist mit Schadstoffen belastet, weshalb sie vor dem Verzehr gründlich mit heißem und anschließend mit kaltem Wasser abgewaschen werden müssen. Da der Stein wegen der enthaltenen Blausäure auf jeden Fall herausgelöst werden sollte, bevor die Frucht verfüttert wird, ist zu empfehlen, beim Einkauf Sorten mit leichter Steinlöslichkeit zu wählen. Sorten mit gelbem Fruchtfleisch werden von den Vogelarten lieber gefressen als Pfirsiche mit weißem Fruchtfleisch; erstgenannte sind meist ein wenig aromatischer und saftiger.

Pfirsiche und Nektarinen sind bei den meisten Papageienarten recht beliebt; Pfirsiche werden ihres fruchtigeren Aromas wegen oft besser angenommen als Nektarinen. Sie dürfen nicht zu überreif sein. Eine besondere Vorliebe für die saftigen Früchte wurde bei Vögeln der Gattung *Brotogeris* (Schmalschnabelsittiche) beobachtet.

Außerdem ...

Auch die in den letzten Jahren in Mode gekommenen Plattpfirsiche (*Prunus persica* var. *platycarpa*) eignen sich zur Verfütterung.

Tipp Pfirsichsaft überdeckt aufgrund des süßen Geschmacks vielerlei unangenehm schmeckende Nuancen. Geben Sie einen leichten Schuss ins Trinkwasser, um beispielsweise den Geruch eines Vitaminpräparates zu überdecken. Da Pfirsiche eine harntreibende Wirkung haben, sind sie eine ideale Unterstützung bei Vögeln mit Nierenproblemen (z.B. Niereninsuffizienz).

Geeignet für

Großpapageien	Großsittiche + Kleinpapageien	Wellensittiche	Kanarien	Wald- und Finkenvögel	Weichfresser	Ziergeflügel	Prachtfinken
✓	✓	✓	✓		✓	✓	

Pflaume, Zwetschge, Mirabelle & Reineclaude

Zur großen Familie der Rosengewächse (*Rosaceae*) gehört auch die Unterfamilie des Steinobstes, zu der die Pflaume (*Prunus domestica*) zählt. Durch Kreuzungen und Züchtungen sind die nahen Verwandten Zwetschge, Mirabelle und Reineclaude entstanden.
Während Pflaumen größer sind und eine rundliche Form aufweisen, sind Zwetschgen eher kleiner und länglich-oval.

Herkunft und Geschichte

Pflaumen sollen bereits vor über 5.000 Jahren im Kaukasus bekannt gewesen sein und gelangten über Syrien nach Europa. Heute wird die europäische Pflaume als ein Artbastard aus Schlehe (*Prunus spinosa*) und Kirschpflaume (*Prunus cerasifera*) angesehen. Derzeit werden mehr als 2.000 Sorten unterschieden, die weltweit angebaut werden. Die Hauptproduktion beschränkt sich allerdings auf Asien, Europa sowie Nord- und Mittelamerika.

Lagerung

Die Früchte lassen sich gekühlt gut lagern, bei Zimmertemperatur reifen sie rasch nach und müssen schnell verbraucht werden. Bei längerer Lagerung ist es ratsam, beschädigte Exemplare auszusortieren. Beim Kauf sollten die Früchte von kräftiger Farbe sein und auf Fingerdruck leicht nachgeben. Gründlich gewaschen und entsteint können die verschiedenen Pflaumensorten gut eingefroren werden.

Inhaltsstoffe

Pflaumen bestehen wie viele Früchte zunächst vornehmlich aus Wasser. Zudem enthalten sie nahezu alle Vitamine der B-Gruppe, weshalb sie positiv auf das Stoffwechselgeschehen des Körpers einwirken. Weiterhin enthalten sie nennenswerte Mengen an

Mineralstoffen wie Kalium, Magnesium, Kalzium und Phosphor.

Verfügbarkeit

Heimische Pflaumen, Zwetschgen, Mirabellen und Reineclauden haben von Ende Juli bis Oktober Saison. Importware erreicht unsere Märkte von Ende Juni bis Ende Oktober. Hauptlieferanten sind die süd- und osteuropäischen Länder.

Fütterungshinweise

Während die dunkelfruchtigen Sorten Zwetschge und Pflaume saftiger und weniger süß schmecken, sind die hellfruchtigen Sorten Mirabelle und Reineclaude in ihrem Aroma fruchtiger und süßer. Entsprechend der individuellen Vorliebe der Papageien kann man also im Angebot variieren.

Nach meinen Erfahrungen sind Zwetschge und Pflaume bei afrikanischen Papageien und australischen Sittichen beliebter, während Mirabelle und Reineclaude eher unter südamerikanischen Papageien und Loris ihre Anhänger finden. Durch das Einfrieren werden Pflaumen und Zwetschgen recht wässrig und von den Psittaziden verschmäht. In jedem Fall ist also anzuraten, frische Ware anzubieten.

Beim Einkauf ist es gut, Früchte auszuwählen, die mit einer weißlichen Wachsschicht überzogen sind, welche vor dem Verfüttern entfernt wird. Glänzende Früchte wurden behandelt und müssen sehr gut abgewaschen werden. Die Steine sollten wegen der blausäureähnlichen Inhaltsstoffe vor dem Verfüttern entfernt werden.

Da Pflaumen mehr Kalorien als andere Obstsorten enthalten, sollten sie an „leichtfutterige" Vögel, die zum Dickwerden neigen (z.B. Amazonen, Rosakakadus) nur mit Bedacht und in kleinen Mengen verfüttert werden.

Tipp Fügen Sie dem Aufzuchtfutter einige Tropfen Pflaumensaft bei, wenn der Kropf von Jungvögeln sich nicht entleert. Pflaumen haben einen besonders hohen Fruchtzuckergehalt und können daher sehr schnell Energie liefern. Daher eignen sie sich für Papageien und Ziergeflügel, was im Herbst noch möglichst lange draußen bleiben soll und aufgrund geringerer Außentemperaturen einen höheren Energiebedarf hat.

Achtung: Sollten beim Vogel Hefen im Kropf oder Kot nachgewiesen worden sein, dürfen keine Pflaumen gefüttert werden (Hefen vermehren sich bei Zuckergabe besonders schnell).

Geeignet für

Groß-papageien	Großsittiche + Kleinpapageien	Wellen-sittiche	Kanarien	Wald- und Finkenvögel	Weichfresser	Ziergeflügel	Prachtfinken
✓	✓	✓	✓		✓	✓	

Quitte

Die Quitte (*Cydonia oblonga*) stammt aus der Familie der Rosengewächse (*Rosaceae*). Die Frucht wächst an drei bis sechs Meter kleinen Bäumen oder buschigen Sträuchern. Optisch sieht die Quitte aus wie eine Kreuzung aus Apfel und Birne, was nicht verwunderlich ist, da alle drei Kernobstarten miteinander verwandt sind. Bei der Quitte unterscheidet man die Apfel- (härter und etwas herberer Geschmack) von der Birnenquitte (etwas weichere Konsistenz, milderer Geschmack).

Herkunft und Geschichte

Schon in der Antike wurden Quitten als Heilmittel gegen Hautentzündungen und Verdauungsstörungen eingesetzt. Seit etwa 4.000 Jahren kultivieren im östlichen Kaukasus die Menschen den Quittenbaum.

Hauptproduzenten heute sind Länder in Asien und Europa. In Deutschland hat der Anbau durch den Trend zur „Regionalität" wieder zunehmende Bedeutung.

Lagerung

Quitten werden am besten getrennt von anderem Obst im Kühlschrank gelagert. Je nach Reifegrad sind die Früchte dann bis zu acht Wochen haltbar.

Inhaltsstoffe

Quitten sind besonders reich an Kalium, welches für die Funktion von Herz, Nerven und Muskeln von Bedeutung ist. Zudem enthalten Quitten Vitamin C und Folsäure. Ballaststoffe aus der Quitte regen die Verdauung an.

Verfügbarkeit

In Deutschland liegt die Haupterntezeit im September und Oktober. Die meisten Quitten kommen aus der Türkei zu uns; sie sind von September bis Februar erhältlich.

Fütterungshinweise

Der Flaum der Schale schmeckt bitter und sollte bei der Zubereitung am besten mit einer Bürste entfernt werden. Einige importierte Quittensorten sind weich und süß genug, um an die Vögel verfüttert werden zu können.

Die Apfel- und Birnenliebhaber unter den Krummschnäbeln werden sicher auch die Quitte kosten – ob die herbe Frucht tatsächlich angenommen wird, ist von Individuum zu Individuum unterschiedlich.

Tipp Kochen Sie Quittenspalten ein – dadurch wird die Frucht weicher und wird von Heimvögeln gerne genommen.

Geeignet für

Groß-papageien	Großsittiche + Kleinpapageien	Wellen-sittiche	Kanarien	Wald- und Finkenvögel	Weichfresser	Ziergeflügel	Prachtfinken
✓	✓						

Stachelbeere

Die Stachelbeere (*Ribes uva-crispa*) gehört zur Familie der Stachelbeergewächse (*Grossulariaceae*), die nur die Gattung Ribes enthält. Früher wurde diese Gattung meist zu den Steinbrechgewächsen (*Saxifragaceae*) gestellt. Die Kultursorten stammen von der Gartenstachelbeere (*Ribes uva-crispa grossularia*) ab.

Herkunft und Geschichte

Die ursprüngliche Heimat der Stachelbeere ist Eurasien. Sie besiedelt fast ganz Europa und ist ostwärts bis in die Mandschurei verbreitet, außerdem in Nordafrika. Heute wird sie auch in Kalifornien angebaut.

Den Gattungsnamen *Ribes* erhielt die Stachelbeere von Arabern, welche sich in Spanien angesiedelt hatten. Sie entdeckten eine geschmackliche Ähnlichkeit der dort wachsenden Früchte mit dem Rhabarber (*Rheum ribes*) ihrer Heimat.

Lagerung

Da reife Stachelbeeren sehr zum Aufplatzen neigen, werden die für den Handel bestimmten Früchte meist unreif geerntet. Beim Einkauf sollten die

Früchte nicht mehr ganz hart und von gleichmäßiger Färbung sein. Noch nicht ganz ausgereifte Beeren lassen sich im Kühlschrank etwa zwei bis sechs Tage aufbewahren.

Die Stachelbeeren eignen sich roh als ganze Früchte gut zum Einfrieren.

Inhaltsstoffe

Stachelbeeren sind reich an Vitamin C und E, Vitaminen der B-Gruppe und Provitamin A. Auch Mineralstoffe wie Kalzium, Kalium, Phosphor und Natrium sind in nennenswerten Mengen enthalten. Der säuerliche Geschmack beruht vor allem auf dem hohen Gehalt an Apfel- und Zitronensäure.

Stachelbeeren liefern darüber hinaus Ballaststoffe, die verdauungsfördernd sind.

Verfügbarkeit

Hierzulande produzierte Stachelbeeren sind im Juli und August erhältlich. Durch Importe aus Ungarn, Polen, Tschechien und den Niederlanden wird das Angebot ergänzt.

Fütterungshinweise

Auf Grund ihres säuerlichen Geschmacks stellen die Stachelbeeren sicher kein bevorzugtes Obst bei der Papageienfütterung dar. Dennoch werden sie von einzelnen Individuen sehr gerne angenommen.

Generell stellen die Stachelbeeren vor allem für Papageien, die süßes Obst eher verschmähen, wie etwa Graupapageien (*Psittacus erithacus*) oder Langflügelpapageien (*Poicephalus* spp.), während der Sommermonate eine interessante Abwechslung im Speiseplan dar.

Tipp Kochen Sie Stachelbeeren für den Winter ein – durch diesen Vorgang werden die Beeren weicher und süßer und werden von den Gefiederten gerne genommen.

Stachelbeeren sind besonders für Keas eine gelungene Abwechslung im Speiseplan. Diese sortieren mit der Zunge die Kerne der Stachelbeeren aus und beschäftigen sie so mit der Futteraufnahme, was unter anderem auch Langeweile vorbeugt.

Geeignet für

Groß-papageien	Großsittiche + Kleinpapageien	Wellen-sittiche	Kanarien	Wald- und Finkenvögel	Weichfresser	Ziergeflügel	Prachtfinken
✓	✓	✓	✓	✓	✓	✓	

Weintraube und Rosine

Wie schon ihr Name verrät, werden gut 80 Prozent aller geernteten Weintrauben zu Wein verarbeitet, nur etwa zehn Prozent werden frisch verzehrt, der Rest zu Rosinen getrocknet. Auf dem Weltmarkt ist Deutschland der größte Käufer von Tafeltrauben, die größere Beeren und dünnere Schalen als Keltertrauben haben.
Tafeltrauben können blau, gelblich oder hellgrün sein. Man geht davon aus, dass es früher nur dunkle Beeren gab und die hellen Trauben auf eine genetische Mutation zurückgehen. Von Natur aus haben alle Trauben Kerne, durch Züchtung entstanden kernlose Trauben.

Herkunft und Geschichte

Die Wildform der Reben (*Vitis vinifera*) – die Kulturrebe ist eine der ältesten und am weitesten verbreiteten Kulturpflanzen der Erde – stammt aus Transkaukasien und Mittelasien. Funde von primitiven Formen der Weinrebe reichen bis in die frühe Erdgeschichte (Tertiär) zurück.
Überall dort, wo sie geeignete klimatische Bedingungen findet, wird sie seit Tausenden von Jahren kultiviert. Heute werden etwa zwei Drittel der weltweiten Ernte in Europa produziert, Hauptanbaugebiete sind Italien und Griechenland.

Lagerung

Gekühlt aufbewahrt, bleiben reife Früchte einige Tage frisch, bei Raumtemperatur beginnen sie schnell zu schrumpeln und zu faulen. Trauben von guter Qualität sind prall, unverletzt und von gleichmäßiger Färbung. Um ihr Aroma voll zu entfalten, sollten sie etwa eine halbe Stunde vor dem Verzehr aus dem Kühlschrank genommen werden.

Inhaltsstoffe

Weintrauben bestehen in erster Linie aus Wasser (80 - 85 %). Zudem sind sie sehr ballaststoffreich und verfügen mit Ausnahme von Vitamin B12 über alle Vitamine der B-Gruppe. Sie enthalten viel Vitamin C und E, die antioxidativ wirken, freie Radikale abfangen und somit zum Zellschutz beitragen. Der Fruktosegehalt wirkt sich positiv auf die Leistungsfähigkeit (Stichwort Zuchtsaison) aus.

Verfügbarkeit

Aufgrund bester logistischer Voraussetzungen sind Weintrauben bei uns heutzutage ganzjährig erhältlich. Außerhalb der Hauptsaison (Juli bis Oktober) sind die Preise allerdings, bedingt durch lange Transportwege, recht hoch.

Fütterungshinweise

Wegen eventuell anhaftender Spritzmittelrückstände müssen die Trauben gründlich heiß gewaschen werden, bevor man sie den Papageien zum Verzehr anbietet. Helle Sorten, deren Schale leicht gelb getönt ist, sind besonders süß und werden bevorzugt gefressen, blaue Trauben sind nicht so begehrt. Im Idealfall wählt man außerdem Trauben mit Kernen, die von den Vögeln gerne herausgepickt werden.

Die in den Kernen und Schalen enthaltenen Ballaststoffe regen zudem die Verdauung an. Die Beeren sollten in Teile geschnitten werden, dann werden sie von den Papageien am liebsten aufgenommen – nicht zuletzt deshalb, weil sie diese mit ihren Schnäbeln besser festhalten können. Liebhaber von süßen und saftigen Früchten, z.B. Amazonen (*Amazona* spp.) oder neotropische Sittiche (*Aratinga* spp., *Brotogeris* spp., *Pyrrhura* spp.), sind besonders leicht für die Frucht zu begeistern.

Inkakakadu beim Traubenverzehr

Tipp Aufgrund des Zuckergehaltes und der damit verbundenen Süße eignen sich Weintrauben auch als „Transportmedium". Spritzen Sie beispielsweise ein zu verabreichendes Vitaminpräparat mit einer Spritze in eine Weintraube und bieten Sie diese Ihrem Vogel von Hand an.

Geeignet für

Groß-papageien	Großsittiche + Kleinpapageien	Wellen-sittiche	Kanarien	Wald- und Finkenvögel	Weichfresser	Ziergeflügel	Prachtfinken
✓	✓	✓	✓		✓	✓	

Zuckermelone und Wassermelone

Die Honig- oder Zuckermelone (*Cucumis melo*) gehört wie die Wassermelone (*Citrullus lanatus*) zur Familie der Kürbisgewächse (*Cucurbitaceae*). Diese Pflanzen wachsen schnell und üppig, ihre Triebe kriechen am Boden entlang oder klettern mit Hilfe von Ranken. Eigentlich zählen Melonen zum Gemüse, werden jedoch meist als Obst gehandelt und auch als solches verzehrt.

Herkunft und Geschichte

Die vermutlich aus Ostafrika stammende Zuckermelone wurde in Ägypten schon vor Jahrtausenden kultiviert. Heute wird die einjährige Pflanze in vielen Ländern mit mediterranem und tropischem Klima angebaut, unter anderem in Israel und Japan. Es gibt zahlreiche Sorten, deren Früchte sehr vielgestaltig sind, die glatte, gefurchte oder gerippte, rissige oder genetzte, kahle oder fein behaarte Schalen haben und von weißlich gelb über gelb bis grün gefärbt sind. Bei der glattschaligen, gelben Honigmelone handelt es sich um die meistverbreitete Varietät der Zuckermelonen. Auch Wassermelonen stammen aus Afrika. Schon vor Jahrtausenden wurden sie von den Buschmännern der Kalahari als Wasserspender während der Trockenzeit genutzt.

Lagerung

Reife Früchte sind gekühlt nur wenige Tage lagerfähig. Zum Nachreifen werden sie bei Zimmertemperatur aufbewahrt. Man sollte die Melonen getrennt von anderem Obst lagern, da sie beträchtliche Mengen an Ethylen ausströmen. Da der Reifezustand von Wassermelonen schwierig einzuschätzen ist, empfiehlt es sich, aufgeschnittene Früchte zu kaufen.

Inhaltsstoffe

Honigmelonen bestehen zu etwa 90 % aus Wasser. Sie enthalten nennenswerte Mengen an Provitamin A und Vitamin C, außerdem Kalium, Kalzium und Phosphor. Wassermelonen weisen neben einem Wassergehalt von bis zu 95 % nennenswerte Mengen an Provitamin A und Vitaminen der B-Gruppe auf.

Verfügbarkeit

Die Hauptsaison für die Zuckermelone liegt bei uns in der Zeit von Mai bis Oktober, was allerdings hauptsächlich mit der erhöhten Nachfrage in diesem Zeitraum zu tun hat. Das Gleiche gilt für die Wassermelone. Während Zuckermelonen nahezu ganzjährig aus dem Mittelmeerraum importiert werden, kommen die Einfuhren der Wassermelonen hauptsächlich aus Italien und Spanien, aber auch aus den USA, der Türkei und Russland.

Fütterungshinweise

Reife Zuckermelonen können, gut abgewaschen, zu zwei Hälften aufgeschnitten und an einem Sitzast aufgespießt angeboten werden. Die Verarbeitung zu Obstsalat ist natürlich auch möglich, wenn auch etwas mühselig. Wegen ihres hohen Ölgehalts sollten die Samen nur gelegentlich verfüttert werden; in der Regel werden diese von den Papageien auch nicht gerne angenommen. Aufgrund ihrer saftigen Süße sind die Honigmelonen eine willkommene Abwechslung auf dem Speiseplan fast aller Papageien, Sittiche und Loris.

Die nahe verwandten Wassermelonen spielen eine untergeordnete Rolle bei der Fütterung unserer Psittaziden; wegen ihres wässrigen und wenig aromatischen Geschmacks werden sie nur von wenigen Vögeln gerne genommen. Dennoch finden sich unter nahezu allen Papageiengattungen Liebhaber der sommerlich-frischen Früchte; an heißen Sommertagen steigt die Akzeptanz mitunter beträchtlich.

Außerdem …

In Gegenden mit mildem Klima kann der Versuch unternommen werden, die sehr Wärme liebenden Pflanzen anzubauen. Zu diesem Zweck können die gereinigten, getrockneten Samen luftdicht verpackt bis zu zwölf Monaten aufgehoben werden, ohne dabei ihre Keimfähigkeit zu verlieren.

Gebirgslori

Tipp Wassermelonen wie auch Honigmelonen eignen sich als Grundlage für die Herstellung von Smoothies. Wenn Sie selbst Wassermelone essen, sammeln Sie die Kerne und trocknen diese. Sie sind eine beliebte Delikatesse.

Geeignet für

Groß-papageien	Großsittiche + Kleinpapageien	Wellen-sittiche	Kanarien	Wald- und Finkenvögel	Weichfresser	Ziergeflügel	Prachtfinken
✓	✓	✓			✓	✓	

Gemüse

Aubergine

Die Aubergine (*Solanum melongena*) gehört zur Familie der Nachtschattengewächse (*Solanaceae*). Die Vermehrung erfolgt durch Selbst- wie auch Fremdbefruchtung. Hierzulande kennt man vornehmlich die Frucht mit einer glänzend-glatten sowie dunkelviolett bis braun gefärbten Schale. Daneben werden am Markt auch weiße, gelbe, grüne sowie marmorierte Früchte angeboten.

Herkunft und Geschichte

Ursprünglich stammt die Aubergine wohl aus Indien; aber auch in China wurde sie bereits in vorchristlicher Zeit angebaut. Ihren Siegeszug trat die Frucht aber vermutlich erst im 13. Jahrhundert an, als sie von Arabien nach Spanien kam. Damals waren die Sorten noch gelblich oder weiß und hatten die Form eines Hühnereis, weshalb sie dann auch als „Eierfrucht" bezeichnet wurden.

Lagerung

Eine gute und reife Aubergine zeichnet sich durch eine feste, matt glänzende Schale aus, die auf Druck nur wenig oder gar nicht nachgibt. Zu weiche Auberginen mit Flecken auf der Schale stehen kurz vor dem Verfaulen. Sie sind wärmeliebend und fühlen sich bei Zimmertemperatur wohl.

Da Auberginen empfindlich auf das Gas Ethylen reagieren, das z. B. Äpfel und Tomaten beim Reifen ausströmen, sollten sie getrennt von anderem Obst und Gemüse gelagert werden.

Inhaltsstoffe

Auberginen bestehen zu einem hohen Anteil aus Wasser, entsprechend gering ist auch der Energiegehalt, weshalb sie sich für die Fütterung zur Verfettung neigender Vögel eignen. Die Schale enthält viele B-Vitamine sowie Vitamin C.

Verfügbarkeit

Erntefrische Auberginen aus Deutschland sind in den Monaten Juli bis Oktober erhältlich. Daneben werden Früchte aus den Niederlanden und Spanien sowie aus der Türkei und Italien importiert.

Fütterungshinweise

Auberginen enthalten Bitterstoffe sowie das giftige Alkaloid Solanin. Aus diesem Grund müssen die Früchte vor der Verabreichung gekocht bzw. andere Art und Weise erhitzt werden.

Tipp Schneiden Sie die Auberginen in dünne Streifen und trocknen Sie diese schonend im Backofen. So haben Sie einen energiearmen Snack bzw. Belohnungshappen für das Clickertraining mit Ihrem Vogel.

Geeignet für

Großpapageien	Großsittiche + Kleinpapageien	Wellensittiche	Kanarien	Wald- und Finkenvögel	Weichfresser	Ziergeflügel	Prachtfinken
✓	✓					✓	

Blumenkohl und Brokkoli

Sowohl der Blumenkohl (convar. *botrytis*) als auch der Brokkoli (var. *italica*) gehören der gleichen Art an (*Brassica oleracea*); wegen ihres ähnlichen Geschmacks, ihrer sehr nahen Verwandtschaft und ähnlichen Wuchsform sollen sie hier gemeinsam behandelt werden.

Herkunft und Geschichte

Die Urformen unserer Kohlpflanzen wuchsen entlang der Atlantik- und Mittelmeerküste. Man nimmt heute an, dass kultivierter Kohl aus vielen Wildpflanzen der Kohlfamilie hervorgegangen ist. Blumenkohl ist seit dem Rom der Kaiserzeit bekannt; Brokkoli ist vermutlich sogar älter.

Beide Arten werden heute in ganz Europa angebaut.

Lagerung

Beide Kohlsorten eignen sich nur unzureichend zur Lagerung; sie sollten möglichst frisch verarbeitet werden. Bei längerer Aufbewahrung verlieren sie erheblich an Geschmack. Nachdem sie kurz blanchiert wurden, können sie allerdings gut eingefroren werden. Beim Einkauf des Blumenkohls ist auf einen angenehmen Duft und feste Röschen zu achten; frischer Brokkoli zeichnet sich durch frisch-grüne Blütenknospen und geschlossene Köpfe aus.

Inhaltsstoffe

Während der Brokkoli Provitamin A, Vitamine der B-Gruppe, Vitamin C sowie die Mineralstoffe Kalzium, Eisen und Kalium enthält, ist der Blumenkohl reich an Vitamin C, Vitaminen der B-Gruppe und den Mineralstoffen Eisen, Kalium und Magnesium.

Verfügbarkeit

Beide Kohlgewächse sind ganzjährig erhältlich, am günstigsten – bedingt durch das heimische Angebot – von Juni bis Oktober. Importierte, in den Wintermonaten angebotene Ware ist leider oft bereits bei der Ankunft im Handel nicht mehr im besten Zustand.

Fütterungshinweise

Neben dem Kohlrabi sind Blumenkohl und Brokkoli wohl die einzigen Kohlsorten, die unbedenklich an Papageien verfüttert werden können. Bei anderen Kohlsorten wurden nach der Verfütterung oftmals Verdauungsstörungen festgestellt. Blumenkohl und Brokkoli können sowohl roh als auch gekocht (in ungesalzenem Wasser) angeboten werden. Gekocht wird das Gemüse meist lieber angenommen, da es weicher und zarter ist.

Der Brokkoli wird als „edler Bruder“ dem Blumenkohl oft vorgezogen. Auf frische Ware ist allerdings streng zu achten. Besondere Liebhaber der beiden Kohlgemüse finden sich unter den Amazonen, aber auch unter den Kakadus, den australischen Sittichen, Amazonen, Lärmvögeln und Turakos.

Tipp Brokkoli enthält nicht unerhebliche Mengen an Eiweiß. Daher eignet er sich auch hervorragend während der Mauser. Im Kochfutter stimuliert der Brokkoli die Reproduktion. Bei Vögeln, die Probleme mit den Nieren haben (Niereninsuffizienz), sollten aufgrund des Eiweißgehaltes (wird über die Nieren ausgeschieden) keine größeren Mengen an Brokkoli angeboten werden.

Geeignet für

Groß-papageien	Großsittiche + Kleinpapageien	Wellen-sittiche	Kanarien	Wald- und Finkenvögel	Weichfresser	Ziergeflügel	Prachtfinken
✓	✓	✓	✓	✓	✓	✓	✓

Champignon

Kein anderer Kulturpilz hat in Deutschland so eine lange Tradition wie der Champignon. Die Champignons (*Agaricus*), zu Deutsch auch Egerlinge oder Angerlinge, sind eine Gattung aus der Familie der Champignonverwandten (*Agaricaceae*). Der Zweisporige Egerling (*Agaricus bisporus*) ist der weltweit bedeutendste Kulturpilz.

Herkunft und Geschichte

Pariser Gärtner entdeckten auf dem Dünger ihrer Beete einen weißen Pilz, der ausgesprochen gut schmeckte und sich zudem leicht kultivieren ließ. Seit 1750 wurde er damit in Frankreich angebaut. Der französische Name „Champignon“ bedeutet nichts anderes als „Pilz“.

Lagerung

Lagern Sie Champignons in Papiertüten oder in Küchentücher eingeschlagen im Gemüsefach des Kühlschranks. Achten Sie dabei darauf, dass die Pilze nicht in unmittelbarer Nähe zu geruchsintensiven Lebensmitteln liegen, da Champignons schnell fremde Gerüche annehmen. So aufbewahrt sind sie rund 2-3 Tage lagerfähig.

Inhaltsstoffe

Mit 91 % Wasser-, ca. 4 % Eiweiß- und maximal 1 % Fettgehalt sind Champignons ausgesprochen kalorienarm. Champignons enthalten zudem β-Glucane (Ballaststoffe), die Arteriosklerose und Schlaganfällen vorbeugen.

Verfügbarkeit

Weil Champignons in Kulturen und auch im Dunkeln kultiviert werden können, sind sie bei uns ganzjährig im Supermarkt erhältlich.

Fütterungshinweise

Champignons werden unseren Vögeln nur selten angeboten; vermutlich aber nur deswegen, weil die meisten Züchter und Halter nicht wissen, dass man diese durchaus verfüttern kann. Sie werden besonders von australischen und asiatischen Sittichen, Kakadus und Amazonen gerne genommen.

Da das enthaltene Pilzeiweiß im Allgemeinen als schwer verdaulich gilt, sollte man Champignons nur als gelegentlichen Leckerbissen und in kleinen Mengen anbieten.

Tipp Schneiden Sie die Champignons in dünne Scheiben und trocknen Sie diese im Backofen. Die getrockneten Champignons sind energiearm und können in kleine Stücke gebrochen werden, die Sie beim Arbeiten mit Ihrem Vogel (z.B. Medicaltraining) zur Belohnung einsetzen können.

Geeignet für

Großpapageien	Großsittiche + Kleinpapageien	Wellensittiche	Kanarien	Wald- und Finkenvögel	Weichfresser	Ziergeflügel	Prachtfinken
✓	✓					✓	

Chicorée und Radicchio

Beim Chicorée (*Cichorium intybus var. foliosum*) handelt es sich um den Sprössling der Zichorienwurzeln (*Cichorium intybus*), auch Wegwarte genannt; er ist ein Wintergemüse und gehört zur Familie der Korbblütler (*Compositae*). Um den Chicoree zu ziehen werden die Wurzeln in Treibkisten eingemietet und bewässert. Aus diesen treiben dann die Cichorienblätter; das fehlende Licht verhindert dabei, dass die Blätter grün werden.

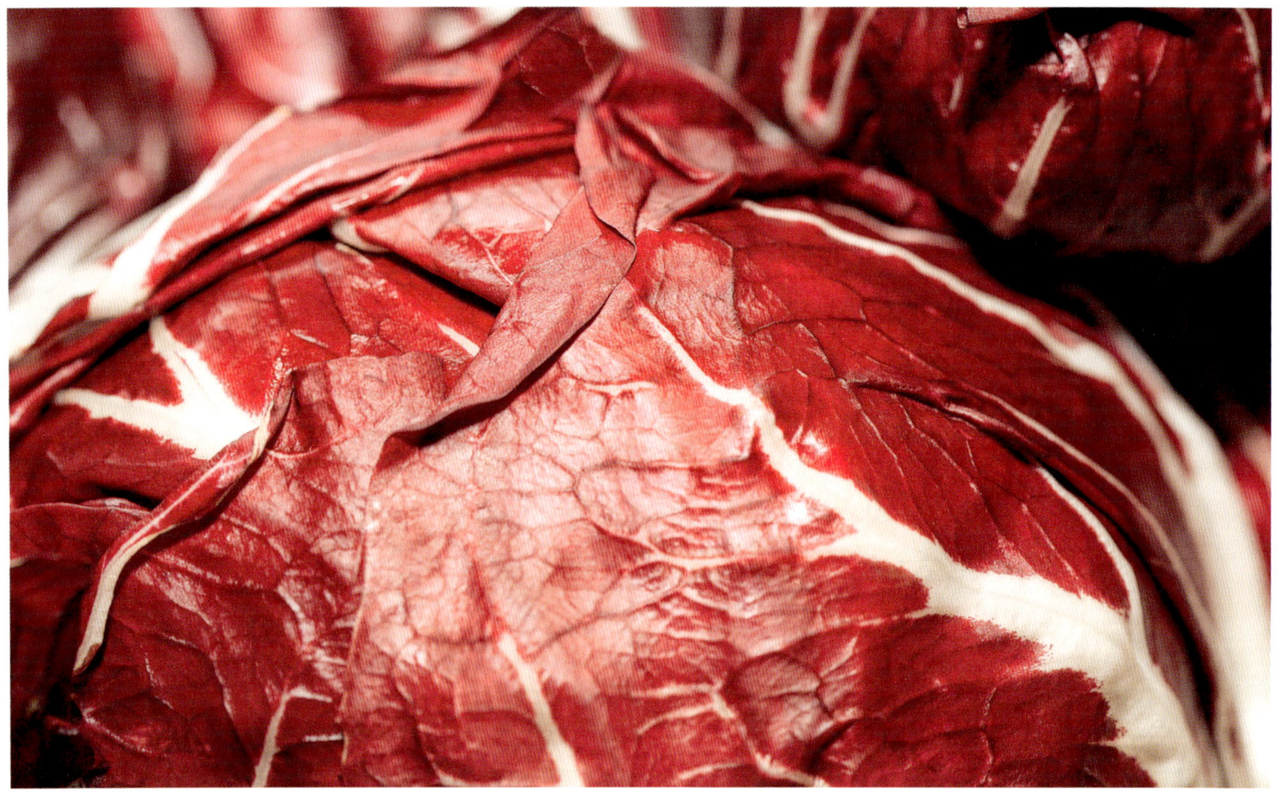

Herkunft und Geschichte

Schon in der Antike wurde die wilde Chichorie als Heilpflanze eingesetzt. Im 18. Jahrhundert wurde die Wurzel in Europa angebaut und u.a. auch als Kaffee-Ersatz genutzt. Die langen, gelblichen Sprösslinge der Zichorienwurzeln wurden erst Mitte des 19. Jahrhunderts von einem Bauern beim Umgraben zufällig entdeckt – so lautet jedenfalls die Legende. Wahrscheinlicher ist, dass die Bauern die bei der Wintereinlagerung der Wurzeln entstehenden Sprösslinge seit jeher verzehrten. Ab etwa 1870 wurde die Chicoréeproduktion nach und nach forciert; heute gehört er zu den wichtigsten Gemüsesorten in der feinen Küche.

Lagerung

Locker in ein feuchtes Tuch verpackt hält Chicorée im Kühlschrank eine knappe Woche; ganz frisch schmeckt er allerdings am besten. Zum Einfrieren eignet er sich nicht.

Inhaltsstoffe

Neben reichlich Folsäure enthält Chicorée vor allem Kalium, Pantothensäure, Zink sowie die Vitamine C und B_2.

Verfügbarkeit

Der Anbau erfolgt von Mai bis November im Freiland zur Gewinnung der Rüben. Durch Import ist Chicorée ganzjährig auf unseren Märkten zu finden; die Hauptangebotszeit fällt allerdings entsprechend unseren heimischen Ernten in die Herbst- und Wintermonate.

Fütterungshinweise

Trotz seines meist recht ausgeprägt bitteren Geschmacks findet der Chicorée unter vielen Psittaziden Anhänger. Hellgrüne Blätter enthalten mehr Bitterstoffe als gelbe, weshalb letztere bevorzugt werden.

Welke und beschädigte Blätter werden entfernt; aus der Mitte des Strunks wird ein etwa 3 cm langer Keil herausgeschnitten, da hier die Bitterstoffe am stärksten sind. Klein geschnitten werden die festeren, weißen Blattteile lieber genommen als die gelben.

Beim Radicchio (*Cichorium intybus* var. *foliosum*) handelt es sich um eine Varietät des Chicorées. Da er etwas milder schmeckt und rot ist (die Lieblingsfarbe vieler Krummschnäbel), wird er sehr gern gefressen.

Außerdem ...

Ausgesprochene Chicoréefreunde finden sich unter den Sperlingspapageien (*Forpus* spp.) und den Schmalschnabelsittichen (*Brotogeris* spp.); ansonsten ist die Akzeptanz des bitteren Salates individuell sehr unterschiedlich.

Bei Prachtfinken und Wald- und Finkenvögeln besonders beliebt.

Tipp Vogelfedern weisen nicht nur höhere Gehalte an Kupfer, sondern auch an Zink auf. Aufgrund des höheren Zinkgehaltes sollten Chicorée und Radicchio daher besonders während der Mauser angeboten werden.

Geeignet für

Groß-papageien	Großsittiche + Kleinpapageien	Wellen-sittiche	Kanarien	Wald und Finkenvögel	Weichfresser	Ziergeflügel	Prachtfinken
✓	✓	✓	✓	✓	✓	✓	✓

Erbse, Bohne, Ackerbohne & Sojabohne

Die Erbse (*Pisum sativum*), die Bohne (*Phaseolus* spp.) und die Ackerbohne (*Vicia faba*) sind die wohl bedeutendsten Hülsenfrüchte und gehören zur Familie der Schmetterlingsblütler (*Leguminosae*).

Herkunft und Geschichte

Die Urform der Gartenbohne (*Phaseolus vulgaris* ssp. *vulgaris*) stammt aus Mittel- und Südamerika und wird heute noch in den Andengebieten angebaut. Im 16. Jahrhundert kam die Bohne nach Europa; aus der Urform haben sich verschiedene Varietäten herausgebildet (z.B. Buschbohne und Stangenbohne).

Die Ackerbohne (*Vicia faba*) hat ihren Ursprung in Vorder- und Zentralasien. Die Herkunft der Erbse lässt sich nicht eindeutig belegen; vermutlich stammt sie von einer Wildart ab, die bereits vor 10.000 Jahren gegessen wurde und ursprünglich im östlichen Mittelmeerraum bis Vorderasien vorkam. Sowohl Erbsen als auch Bohnen werden heute nahezu weltweit kultiviert.

Lagerung

Beide Arten sind – frisch geerntet – nur sehr begrenzt im Kühlschrank lagerfähig; nach maximal vier Tagen müssen sie verbraucht werden. Blanchiert können sie auch eingefroren werden.

Inhaltsstoffe

Die Samen der Erbsen und Bohnen gehören zum eiweißreichsten Gemüse. Neben einem sehr hohen Eiweißanteil enthalten Erbsen vor allem Zucker, Vitamin E sowie Vitamine der B-Gruppe und Lezithin, während Bohnen viel Vitamin E und C, Vitamine der B-Gruppe und zahlreiche Mineralstoffe aufweisen.

Verfügbarkeit

Während sich das Angebot der Erbse auf die Frühlings- und Sommermonate beschränkt, sind Bohnen, bedingt durch zahlreiche Importe, nahezu ganzjährig erhältlich; die Hauptsaison liegt im Sommer.

Fütterungshinweise

In den Hülsen vieler Gartenbohnensorten (*Phaseolus* spp.) ist das giftige Glykosid Phasin enthalten, welches beim Kochen zerstört wird. Die Hülsen der Bohne hingegen sind ohnehin nicht zum Verzehr geeignet, weshalb Erbsen und Bohnen den Papageien in aller Regel nur in Form ihrer Samen angeboten werden.

Durch ihren hohen Eiweiß- und Mineralstoffgehalt stellen sie eine wertvolle Ergänzung des Speiseplans dar. Getrocknete Samen der Hülsenfrüchte eignen sich nur als Quell-, Keim- oder Kochfutter. Erbsen können auch frisch gereicht werden.

Viele Bohnensorten enthalten Hemmstoffe, die den Eiweißstoffwechsel behindern können. Diese werden beim Kochen weitgehend zerstört, so dass Bohnen in Form von Kochfutter ohne Gefahr an die Papageien verfüttert werden können. Die antinutritiven Inhaltsstoffe der Sojabohne (*Glycine max*) werden nur durch starkes Toasten zerstört.

Bei vollfetten Ganzbohnen sollte man neben dem Eiweiß-, auch den Fett- und damit Energiegehalt berücksichtigen. Nahe Verwandte der Sojabohne hingegen, z.B. die Mungobohne (*Phaseolus aureus*), können unbedenklich gegeben werden. Von den heimischen Sorten hat nur die Ackerbohne Bedeutung für die Papageienfütterung. Ohne Schale für größere Fruchtfresser.

Tipp Wenn es schnell gehen soll, können Sie Erbsen und rote Kidneybohnen aus der Dose füttern. Diese werden aufgrund der Sämigkeit von vielen Vögeln gerne gefressen. Mit der Gabel zerdrückt können Sie auch Vitamintropfen oder Mineralpulver untermischen und dann dem Vogel anbieten. Achten Sie bei Kochfutter darauf, dass die Mischung Samen enthält, die alle etwa zum gleichen Zeitpunkt gar sind.

Geeignet für

Großpapageien	Großsittiche + Kleinpapageien	Wellensittiche	Kanarien	Wald- und Finkenvögel	Weichfresser	Ziergeflügel	Prachtfinken
✓	✓			✓	✓	✓	✓

Feldsalat

Der Feldsalat (*Valerianella locusta*) gehört zur Familie der Baldriangewächse und ist bei uns auch unter den Bezeichnungen Ackersalat oder Rapunzel bekannt. Es handelt sich um eine kultivierte Wildform des Acker- oder Wiesenrandes.

Herkunft und Geschichte

Die Wildform der einjährigen Pflanze stammt aus Mitteleuropa; Archäologen fanden den Samen in den Pfahlbausiedlungen der voralpenländischen Seen. Dennoch wurde der Feldsalat lange Zeit nicht kultiviert; der erwerbsmäßige Anbau begann erst Anfang des 20. Jahrhunderts in Frankreich, Deutschland und der Schweiz.

Obwohl er Temperaturen bis –15 °C verträgt, wird er heute trotzdem größtenteils in Gewächshäusern angebaut. Die Haupterzeugerländer sind Frankreich und die Niederlande.

Lagerung

Feldsalat verdirbt sehr schnell; im Kühlschrank bleibt er in Küchenpapier eingewickelt und in einen perforierten Kunststoffbeutel eingepackt höchstens zwei Tage frisch. Der feine Geschmack der Blätter kommt am besten zur Geltung, wenn der Salat sofort verarbeitet wird. Die Intensität des

Grüns der Blätter gibt Aufschluss über die Sorte bzw. Herkunft, nicht aber über die Qualität.

Inhaltsstoffe

Verglichen mit anderen Blattsalaten ist der Feldsalat außerordentlich reich an Vitamin C und Provitamin A. Als Mitglied der Baldrianfamilie enthält er eine Menge ätherischer Öle, welche ihm die Würze von Nüssen und Kräutern geben.

Verfügbarkeit

Ackersalat aus heimischem Anbau kommt von Anfang Oktober bis Ende Februar auf die Märkte; in dieser Zeit ist er auch am preisgünstigsten. Er wird sowohl im Freiland wie auch im Gewächshaus kultiviert, der geschützte Anbau ist aber zunehmend. In den übrigen Monaten erreichen Importe aus den west- und südeuropäischen Nachbarländern unsere Märkte.

Fütterungshinweise

Die aromatischen Blätter des Feldsalats erinnern im Geschmack bei einigen Sorten an Haselnüsse. Deswegen werden sie von vielen Papageien gerne verzehrt. Damit nicht allzu viel durch Fallenlassen verloren geht, sollte man die einzelnen Blättchen voneinander trennen, bevor sie den Vögeln angeboten werden.

Wird der Salat im eigenen Garten auf unbehandelter Erde angebaut, braucht er nicht gewaschen zu werden. Gewaschener Salat muss auf jeden Fall gut abgetrocknet sein. Feldsalat ist bei weißen Kakadus (*Cacatua* spp.) beliebt, aber auch von Wellensittichen (*Melopsittacus undulatus*), Nymphensittichen (*Nymphicus hollandicus*), australischen Plattschweifsittichen (*Platycercus* spp.) und vom Ziergeflügel wird er sehr gerne genommen.

Tipp Ihr Vogel ist gestresst oder es steht ein stressreiches Ereignis bevor (Transport, Verpaarung, Tierarzt)? Füttern Sie Feldsalat zusammen mit getrockneten Lavendelblüten. Die im Feldsalat enthaltene Valeriansäure hat eine beruhigende Wirkung. Bei Sporttauben sollten Sie allerdings keinen Feldsalat füttern: Valeriansäure steht auf der Liste der Dopingmittel.

Geeignet für

Groß-papageien	Großsittiche + Kleinpapageien	Wellen-sittiche	Kanarien	Wald- und Finkenvögel	Weichfresser	Ziergeflügel	Prachtfinken
✓	✓	✓	✓	✓	✓	✓	✓

Fenchel und Dill

Der Gemüsefenchel (Foeniculum vulgare var. *azoricum*) gehört wie Möhre, Pastinake oder Sellerie zur Familie der Doldenblütler (*Apiaceae* oder *Umbelliferae*). Einst galt er als „Zauberkraut" zum Schutz vor Dämonen und Krankheiten.

Herkunft und Geschichte

Der wild wachsende Fenchel stammt aus dem Mittelmeerraum und Vorderasien, wo er als winterharte Pflanze gedeiht. Während des Mittelalters war er in Klostergärten eine beliebte Heilpflanze. Der Gemüsefenchel entstand durch lange Züchtung und Kreuzung des Wilden Fenchels mit verwandten Arten; noch heute wird er wegen seiner Temperaturansprüche überwiegend im Mittelmeerraum angebaut und auch verzehrt.

Lagerung

Da Fenchel schnell zäh wird und an Aroma verliert, muss er sehr schnell verbraucht werden. Im Kühlschrank aufbewahrt hält er sich etwa eine Woche. Beim Kauf sollten die Knollen angenehm duften, möglichst fest, hell und makellos sein.

Inhaltsstoffe

Fenchel ist ein außerordentlich gesundes Gemüse; es ist reich an Provitamin A, den Vitaminen

C, E und K sowie an Mineralstoffen, insbesondere Kalium und Magnesium. Das ätherische Öl des Fenchels (mit Anethol, Menthol und Fenchon) ist für den Anisgeschmack des Gemüses verantwortlich und wirkt verdauungsfördernd.

Verfügbarkeit

Das gesunde Gemüse ist auf unseren Märkten ganzjährig erhältlich; besonders günstig ist es im Sommer und von Oktober bis April. Fenchel aus heimischem Anbau wird im September und Oktober angeboten.

Fütterungshinweise

Geschnittene Fenchelknollen stellen einen vitaminreichen Leckerbissen auf dem Speiseplan unserer Papageien dar, der von vielen Psittaziden gerne angenommen wird. Im Ganzen gereichte Knollen werden meist nur zerfleddert.

Durch seinen hohen Gehalt an Vitamin K bildet der Fenchel für alle Papageienhalter und -züchter, die auf die Gabe von Vitamin K1 schwören, eine ausgezeichnete Alternative zu kommerziellen Vitaminpräparaten. Fenchel wird von den Papageien meist nur im ganz frischen Zustand angenommen; er sollte daher direkt nach dem Einkauf verfüttert werden.

Besonders unter den südamerikanischen Sittichen der Gattungen *Brotogeris* und *Bolborhynchus* finden sich Liebhaber, aber auch von anderen Papageienarten wird er nicht verschmäht. Manche Vögel fressen auch gerne die Stängel und das Kraut des Fenchels. Bei großen Obstfressern verwendbar.

Außerdem...

Eine absolute Lieblingspflanze ist für viele Vögel der nah verwandte Dill (*Anethum graveolens*), den man leicht im eigenen Garten oder Kräuterbeet anbauen kann. Die Aussaat kann im Frühjahr alle zwei bis drei Wochen wiederholt werden, sodass das frische Dillkraut dann später immer wieder zur Verfügung steht.

Tipp Kochen Sie die Fenchelknolle und bieten Sie Ihrem Vogel kleinere Stücke bei Verdauungsproblemen an.
Da Dill beachtliche Mengen an Calcium enthält, mischen Sie den kleingehackten Dill unter das Aufzuchtfutter. In einer Streudose eingefroren steht der Dill Ihnen das ganze Jahr hindurch zur Verfügung.

Geeignet für

Groß-papageien	Großsittiche + Kleinpapageien	Wellen-sittiche	Kanarien	Wald- und Finkenvögel	Weichfresser	Ziergeflügel	Prachtfinken
✓	✓	✓	✓	✓		✓	✓

Gurke

Die Gurke (*Cucumis sativus*) zählt zum gleichen Artenkomplex wie Kiwano und Melone und gehört zur Familie der Kürbisgewächse (*Cucurbitaceae*). Botanisch gesehen sind die Früchte der Gurkenpflanze fleischige Beeren; sie müssen während der Grünreife geerntet werden.

Herkunft und Geschichte

Heimat der Gurke sind die Südhänge des Himalayas, von wo aus sie vor etwa 4.000 Jahren den Siegeszug um die Welt antrat. Über Indien und Ägypten gelangte sie in den Mittelmeerraum. Erst im Mittelalter wurde der Anbau von Gurken auch in Nordeuropa erwähnt. Heute sind die verschiedenen Formen der Gurken in nahezu allen tropischen, subtropischen und mediterranen Gebieten der Erde verbreitet – im kühlen Nordeuropa hat sich außerdem eine Gewächshauskultur etabliert.

Lagerung

Im Gemüsefach des Kühlschranks bleiben Gurken bis zu einer Woche frisch. Sie vertragen keine extremen Temperaturen. Zum Einfrieren sind sie nicht geeignet, da sie dadurch matschig werden. Gurken dürfen nicht zusammen mit Obst oder Tomaten gelagert werden, weil sie dann zu schnell überreif werden. Beim Einkauf achte man auf eine straffe Schale und festes Fruchtfleisch.

Inhaltsstoffe

Gurken enthalten nicht unerhebliche Mengen an Zucker und sind reich an Provitamin A sowie den Vitaminen B_1 und C.

Verfügbarkeit

Auf unseren heimischen Märkten sind Gurken ganzjährig erhältlich; neben inländischen Ernten wird vor allem Ware aus den Niederlanden sowie aus Griechenland und Spanien angeboten.

Fütterungshinweise

Die Salatgurke ist seit jeher eine der beliebtesten Gemüsearten bei der Fütterung. Vom Speiseplan der Wellensittiche ist sie nicht wegzudenken, aber auch von fast allen anderen Gefiederten wird sie gleichermaßen gerne angenommen. Da viele Ziervögel gerne die Samenanlagen herausfressen, lohnt es sich, die keulenförmig aufgetriebenen, aus männlichen Blüten der Gurkenpflanze entstandenen Gurken auszuwählen, die für den menschlichen Verzehr ohnehin nicht gerne genommen werden, da sie große Samenanlagen enthalten.

Aufgrund des sehr hohen Wassergehaltes (98 %) ist zu berücksichtigen, dass folglich auch der Harnanteil der Exkremente ansteigt und diese eine wässrige Konsistenz bekommen. Der Vogelgesundheit schadet dieses aber nicht. Kleinere, intensiver schmeckende Salatgurken aus eigenem Anbau werden meist lieber genommen als die im Handel erhältlichen, aus kommerziellem Gewächshausanbau stammenden großen Gurken. Besonders die Samen sind bei Prachtfinken sehr beliebt.

Rotkehl-Gimpeltangare beim Verzehr von Salatgurke

Tipp Gurken sind eine gute Unterstützung der Ausscheidung über die Nieren und eignen sich daher für Vögel mit Nierenerkrankungen.

Aufgrund des höheren Zuckergehaltes schmecken Gurken süß. Nutzen Sie diese Tatsache und den höheren Wassergehalt der Gurken und verwenden Sie diese als Basis für Smoothies.

Gehen Sie nicht davon aus, dass Sie dem Vogel bei Angebot von Gurken höhere Gehalte an Mineralstoffen liefern; die in den Gurken enthaltene Feuchtigkeit verdünnt diese zu stark.

Geeignet für

Groß-papageien	Großsittiche + Kleinpapageien	Wellen-sittiche	Kanarien	Wald- und Finkenvögel	Weichfresser	Ziergeflügel	Prachtfinken
✓	✓	✓	✓	✓	✓	✓	✓

Ingwer

Unter Ingwer versteht man die knorrige Wurzel der Ingwerpflanze (*Zingiber officinale*). Die Pflanze selbst wurde aufgrund der duftenden Blüten und der großen grünen Blätter seit jeher als Zierpflanze angebaut. In der asiatischen Medizin spielt die Wurzel seit Jahrhunderten eine große Rolle.

Herkunft und Geschichte

Ingwer stammt aus China und Indien, aber auch in Jamaika, Nigeria und Brasilien wurde die Pflanze schon früh angebaut. In Europa war er schon im antiken Rom bekannt und galt dort als Zeichen des Wohlstandes; im Mittelalter gelangte er in den deutschen Sprachraum, wo er aufgrund seiner Schärfe als Ersatz für Pfeffer diente.

Heute wird er in vielen tropischen und subtropischen Ländern der Erde angebaut; Hauptproduzenten sind Indien und China.

Lagerung

Im Gemüsefach des Kühlschranks können ungeschälte Ingwerwurzeln mehrere Wochen gelagert werden.

Inhaltsstoffe

Ingwerwurzeln sind sehr mineralstoffreich; neben Kalium sind hier Magnesium, Phosphat, Kalzium, Natrium, Zink und Eisen zu nennen. Sie enthalten außerdem verschiedene Vitamine der B-Gruppe, Folsäure, Beta-Carotin und Vitamin C.

Verfügbarkeit

Die frische Ingwerwurzel ist bei uns ganzjährig erhältlich.

Fütterungshinweise

Geschält kann Ingwer in Maßen verfüttert werden; oft wird er allerdings mehr „zerschreddert" als gefressen. Klein geschnitten und mit anderem Gemüse zusammen gedünstet, liegt die Akzeptanz höher.

Tipp Brühen Sie Ingwerscheiben und Zitronenscheiben mit Wasser auf und gönnen Sie Ihren Vögeln einen Drink, der die Verdauung ankurbelt. Hierzu können Sie Ingwer auch reiben und über einen Obstsalat streuen.

Geeignet für

Groß-papageien	Großsittiche + Kleinpapageien	Wellen-sittiche	Kanarien	Wald- und Finkenvögel	Weichfresser	Ziergeflügel	Prachtfinken
✓	✓						

Kartoffel

Kartoffeln gehören zu den weltweit bedeutendsten Nahrungspflanzen. Die Kartoffel (*Solanum tuberosum*) ist das knollenartig verdickte Stielende einer Pflanze, die wie Tomate, Paprika oder Aubergine zur Familie der Nachtschattengewächse (*Solanaceae*) gehört. Die Anzahl der Kartoffelsorten kann mit etwa 5000 angegeben werden.

Herkunft und Geschichte

Die Heimat der Kartoffel liegt vermutlich im Andengebiet Boliviens und Perus, wo wohl bereits vor mindestens 4.000 Jahren aus einer bitteren Wildpflanze eines der frühesten Nahrungsmittel der Andenbewohner gezüchtet wurde. Im 13. Jahrhundert erlebte die Kartoffel unter den Inkas einen enormen Aufschwung. Vor mehr als 400 Jahren kam sie durch spanische Eroberer auf den europäischen Kontinent, wo sich die Kartoffel langsam, aber stetig als eines der wichtigsten Grundnahrungsmittel etablierte. In der Literatur ist von bis zu 3.000 Kartoffelsorten die Rede. Heute werden Kartoffeln weltweit in den gemäßigten Zonen angebaut.

Lagerung

Bei Temperaturen von 4 bis 6 °C im Keller bei relativ hoher Luftfeuchte (ca. 90 %) und guter Luftzirkulation in einer Holzkiste oder einem Korb aufbewahrt, halten Kartoffeln relativ lange. Bei falschen Lagerbedingungen werden sie schnell unschmackhaft, faulen oder treiben aus. Bei zu starkem Lichteinfluss treibt die Kartoffel aus und ihr Gehalt an Solanin, einem Alkaloid, steigt. Ab einer bestimmten Konzentration (ca. 20 mg pro 100 g) gilt der Solaningehalt als gesundheitsschädlich. Unter optimalen Bedingungen können Kartoffeln – je nach Sorte – bis zu zehn Monate aufbewahrt werden; die Lagerfähigkeit von Frühkartoffeln ist allerdings sehr begrenzt. Beim Kauf sollten Kartoffeln fest und makellos sein und keine Keime oder grünen Stellen aufweisen.

Inhaltsstoffe

Kartoffeln enthalten sehr hochwertiges Eiweiß und sind eine hervorragende Quelle für Kohlenhydrate, außerdem enthalten sie nennenswerte Mengen an Vitamin C, Vitaminen der B-Gruppe sowie Kalium, Phosphor und Eisen.

Verfügbarkeit

Während Frühkartoffeln nur von Januar bis Juni angeboten werden, sind andere Speisekartoffelsorten ganzjährig im Handel zu finden.

Fütterungshinweise

Kartoffeln stehen bei vielen Vogelzüchtern und -haltern auf dem Futterplan; sie werden von den Vögeln allerdings meist nur gekocht und oft sogar nur im warmen Zustand angenommen. Natürlich müssen die Kartoffeln zu diesem Zweck ohne Salz gekocht werden.

Etwas süßere Sorten werden meist bevorzugt; fest kochende Sorten können besser verarbeitet werden. Da Kartoffeln meist mit chemischen Rückständen belastet sind, müssen in der Schale gekochte Kartoffeln zuvor gründlich gewaschen werden. Am besten wählt man solche aus biologischem Anbau oder schält sie vor dem Garen.

Von Amazonen, Kakadus, Nymphensittichen und australischen Plattschweifsittichen werden Kartoffeln besonders gerne genommen.

Tipp Während rohe Kartoffeln zu Durchfall führen, stellen gekochte Kartoffeln ein hochverdauliches Futter dar. Der Eiweißgehalt entspricht kohlenhydratreichen Saaten, weist aber eine sehr hohe Verdaulichkeit auf. Bei selbst hergestellten Zuchtfuttern kann das Zwiebackmehl auch gegen gekochte und zerdrückte Kartoffeln ausgetauscht werden. Der Vorteil ist, dass es in diesem Fall nicht zu Entmischungen kommen kann wie bei Zwiebackmehl, d.h. zugesetzte Ergänzungen wie z.B. Eischalenpulver oder andere Mineralstoffe bleiben homogen in der Mischung.
Da die meisten Mineralstoffe in den Schalen lokalisiert sind, bieten Sie bitte immer gründlich gewaschene, aber ungeschälte Kartoffeln an.

Geeignet für

Groß-papageien	Großsittiche + Kleinpapageien	Wellen-sittiche	Kanarien	Wald und Finkenvögel	Weichfresser	Ziergeflügel	Prachtfinken
✓	✓	✓	✓	✓	✓	✓	

Knollensellerie und Stangensellerie

Sowohl der Knollensellerie (Apium graveolens var. rapaceum) als auch sein naher Verwandter, der Stangensellerie (*Apium graveolens* var. *dulce*), sind im Mittelmeerraum beheimatet und sind dort seit langer Zeit geschätzte Gemüsesorten. Sie gehören zur Familie der Doldenblütler (*Umbelliferae*). Die Knolle des Wurzelgemüses kann bis zu einem Kilogramm schwer werden.

Herkunft und Geschichte

Bereits in der Antike wurde der Sellerie kultiviert. Während Stangensellerie als Gewürz und dessen Blätter für die Gestaltung der Lorbeerkränze siegreicher Athleten diente, erkannten die Griechen und Römer schon früh die blutreinigende Wirkung des Knollensellerie. Heute wird er überwiegend in Mitteleuropa sowie in geringerem Umfang in Asien und Nordamerika angebaut; in Lateinamerika und Australien ist er weitgehend unbekannt.

Lagerung

Knollensellerie ist in einem perforierten Kunststoffbeutel im Kühlschrank einige Wochen haltbar. Beim Kauf achte man auf schwere, feste Knollen, die nicht zu groß sein sollten, da sie dann oft holzig sind. Stangensellerie wird meist im Beutel verkauft und kann in diesem etwa eine Woche gekühlt gelagert werden.

Wegen seines hohen Wassergehaltes welkt er bei Zimmertemperatur schnell. Beide Sorten sind zum

Einfrieren ungeeignet, da sie dadurch matschig werden.

Inhaltsstoffe

Beide Selleriesorten sind reich an Kalium und enthalten die Vitamine C und B_6; während der Knollensellerie weiterhin über nennenswerte Mengen an Phosphor, Magnesium und Eisen verfügt, ist beim Stangensellerie ein Anteil an Folsäure zu erwähnen.

Verfügbarkeit

Knollensellerie aus heimischem Freiland wird von September bis November angeboten; ganzjährig sind Importe überwiegend aus den Niederlanden erhältlich.

Heimischer Stangensellerie wird von Juli bis Oktober verkauft; auch er ist allerdings durch Importe aus verschiedenen Ländern (z.B. Italien, Spanien, Israel) ganzjährig verfügbar.

Fütterungshinweise

Besonders der Stangensellerie ist bei vielen Arten sehr beliebt. Gelbe Sorten schmecken etwas milder als grüne und werden lieber genommen. Die Blättchen sind besonders zart und aromatisch; sie sollten auf jeden Fall angeboten werden. Das Stielende wird entfernt, der Rest in dünne Scheiben geschnitten. Wie beim Rettich bedarf es mitunter einiger Geduld, bis der Stangensellerie angenommen wird. Einmal auf den Geschmack gekommen, ist er vom Speiseplan nicht mehr wegzudenken.

Der gut geschälte und klein geschnittene Knollensellerie wird schnell braun. Dem kann man mit ein wenig Zitronensaft entgegenwirken. Auch er wird – nach einer gewissen Eingewöhnungsphase – bald akzeptiert und gerne angenommen. Selleriefreunde finden sich in erster Linie unter den australischen Sittichen, aber auch unter den Graupapageien, den Amazonen und den Aras. Gekocht auch für Weichfresser zur Gewichtsreduzierung (Diät) geeignet.

Tipp Knollensellerie enthält ätherische Öle, welche die Verdauung unterstützen. Um den Vogel an den Sellerie – sowohl Knollen-, wie auch Stangensellerie – zu gewöhnen, sollten beide zunächst blanchiert werden.

Geeignet für

Groß-papageien	Großsittiche + Kleinpapageien	Wellen-sittiche	Kanarien	Wald- und Finkenvögel	Weichfresser	Ziergeflügel	Prachtfinken
✓	✓	✓	✓	✓	✓	✓	✓

Kohlrabi

Der Kohlrabi (*Brassica oleracea* var. *gongylodes*) gehört zum großen Formenkreis der Kohlgewächse und ähnelt einer Kreuzung aus Weißkohl und Steckrübe. Obwohl er über der Erde wächst, wird er oft als Wurzelgemüse bezeichnet. Kohlrabi wird je nach Region auch Oberrübe oder Oberkohlrübe genannt und ist eine Zuchtform des Gemüsekohls.

Herkunft und Geschichte

Tatsächlich ist der vermutlich aus Nordeuropa stammende Kohlrabi durch die Kreuzung aus wildem Kohl (*Brassica oleracea*) mit der wilden weißen Rübe (*Brassica campestris* var. *rapifera*) entstanden. Bereits seit dem 16. Jahrhundert erfreut er sich in Mittel- und Osteuropa großer Beliebtheit, während er in Nordamerika bis heute weitgehend unbekannt ist.

Lagerung

Im Gemüsefach des Kühlschranks hält sich die Kohlrabi bis zu 14 Tagen. Die Blätter sind nur wenige Tage haltbar und sollten – sofern benötigt – getrennt aufbewahrt werden, da sie der Knolle Feuchtigkeit entziehen.

Kohlrabi lässt sich nach dem Blanchieren auch einfrieren. Junge, kleine Knollen sind den großen zu bevorzugen, da letztere oft faserig oder holzig werden. Die Blätter sind bei frischem Kohlrabi leuchtend grün.

Inhaltsstoffe

Kohlrabi ist sehr reich an Vitamin C und Kalium; er enthält weiterhin nennenswerte Mengen an Vitamin B_6, Folsäure, Magnesium und Kupfer.

Verfügbarkeit

Kohlrabi wird ganzjährig angeboten und stammt größtenteils aus heimischem Anbau; die Hauptabsatzzeit liegt im Frühjahr und im Herbst.

Fütterungshinweise

Neben Blumenkohl und Brokkoli ist der Kohlrabi das einzige Kohlgemüse, das uneingeschränkt für die Fütterung der Papageien empfohlen werden kann. Bei nahezu allen anderen (Blatt-)Kohlsorten können ernsthafte Verdauungsprobleme auftreten. Lediglich die Blätter sollten aufgrund möglicher Nitratanreicherungen nicht gegeben werden.

Viele Vogelhalter geben an, dass ihre Tiere den Kohlrabi sehr gerne, aber nur in gekochtem Zustand, fressen. Vermutlich wurde in den meisten dieser Fälle roher Kohlrabi nur in mehr oder weniger verholzter Qualität angeboten.

Nach meinen eigenen Erfahrungen sind junge, zarte Knollen, die kein faseriges oder holziges Fleisch aufweisen, im Rohzustand sehr gerne gesehen. Der Kohlrabi sollte gut geschält und in Würfel geschnitten angeboten werden. Man kann auch halbmondförmige Scheiben auf sogenannte Fruchtspieße aufspießen, die dann von den Vögeln Stück für Stück abgearbeitet werden und somit dem Beschäftigungstrieb Rechnung tragen.

Unter den Edelsittichen (*Psittacula* spp.) finden sich zahlreiche Kohlrabi-Fans, aber auch unter nahezu allen australischen Sitticharten sowie den südamerikanischen Papageien der Gattungen *Pionus* und *Pionites*. Der violette Kohlrabi wird ebenso angenommen wie der grüne.

Tipp Höhlen Sie eine Kohlrabi aus und nutzen Sie diese wie einen Futternapf, in dem Sie diese mit allerlei Obst etc. füllen. So bieten Sie Ihrem Vogel nicht nur etwas Gesundes an, sondern beschäftigen ihn auch noch über die Futteraufnahme.

Geeignet für

Groß-papageien	Großsittiche + Kleinpapageien	Wellen-sittiche	Kanarien	Wald- und Finkenvögel	Weichfresser	Ziergeflügel	Prachtfinken
✓	✓					✓	

Kopf- und Blattsalate

Zu den Kopf- und Blattsalaten zählt man im Allgemeinen alle Salatsorten der Art *Lactuca sativa*, zu der neben dem Kopfsalat u. a. Eissalat, Bataviasalat, Lollo Rosso, Römersalat und Eichblattsalat gehören. Auch Endiviensalat (Cichorium endivia) und Rucola (Eruca visicaria) werden zu den Blattsalaten gerechnet. Der Kopfsalat ist eine Varietät des Gartensalats. Bezeichnet wird der auch als Buttersalat, Häuptelsalat oder Grüner Salat.

Herkunft und Geschichte

Der Kopfsalat stammt vom wilden Lattich ab, einer Pflanze aus den Steppen Vorderasiens. Er kommt somit ursprünglich aus dem östlichen Mittelmeerraum und Westasien, wo er – vermutlich wegen seiner ölhaltigen Samen – schon vor 6.500 Jahren angebaut wurde. Bereits 600 v. Chr. bereiteten die Perser Kopfsalat zu; bei Griechen und Römern genoss er als Gemüse und auch als Heilpflanze hohes Ansehen. Mittlerweile werden über 100 verschiedene Sorten von Kopf- und Blattsalaten unterschieden, die weltweit in gemäßigten Klimaten angebaut werden.

Lagerung

Salat ist recht empfindlich und muss daher schnell verbraucht werden. Eissalat hält in ein feuchtes Tuch eingeschlagen im Kühlschrank maximal zwei Wochen; alle „lockeren" Salatsorten sollten innerhalb weniger Tage verbraucht werden. Da einige Obstsorten Ethylen ausströmen, welches die Blätter des Salates braun werden lässt, dürfen Früchte nicht in unmittelbarer Nähe gelagert werden. Schlaff gewordener Salat wird durch ein kurzes Tauchbad in kaltem Wasser wieder frisch.

Inhaltsstoffe

Kopf- und Blattsalate enthalten sehr viel Wasser und sind reich an Folsäure. Der sonstige Vitamin- und Mineralstoffgehalt hängt von der jeweiligen Sorte ab; generell gilt, dass intensiv grüne Salate mehr Vitamine und Mineralstoffe enthalten als hellgrüne oder rötlich gefärbte Salatsorten.

Verfügbarkeit

Die meisten Salatsorten sind auf unseren Märkten ganzjährig erhältlich; in den Sommermonaten ist das Angebot – bedingt durch größere Produktionsmengen und stärkere Nachfrage – vielfältiger und preiswerter.

Salat schmeckt Wellensittichen ausgezeichnet

Fütterungshinweise

Salat kann ein hervorragendes Grünfutter für unsere Papageien darstellen – wenn gewisse Regeln beachtet werden. Durch den hohen Wassergehalt werden die Exkremente der Psittaziden feuchter. Der Salat sollte ganz frisch sein und vorher von allen verdorbenen Blättern befreit werden, sonst sind Verdauungsstörungen vorprogrammiert. Um die einwandfreie Qualität des Salates zu gewährleisten, werden also am besten im eigenen Garten angebaute Pflanzen angeboten. Gefüttert werden können dann auch die Blütenstände mit Samen. Die Akzeptanz der Kopf- und Blattsalate bei den Papageien ist mitunter recht unterschiedlich; generell ist jedoch zu beobachten, dass entweder die schlaffen, lockeren Salate wie Kopfsalat oder Eichblattsalat gerne genommen werden oder aber feste und knackige Sorten wie Eissalat oder Endiviensalat. Zusammengefaltete oder -gerollte Salatblätter können gut ins Volierengitter gesteckt werden.

Tipp Mit dem Angebot von Salaten können Sie die Flüssigkeitsaufnahme des Vogels verbessern. Bedenken Sie aber bitte, dass er dann zeitgleich weniger Wasser aufnimmt. Geben Sie daher an Tagen, an denen Sie Salat füttern, keine Ergänzungspräparate über das Trinkwasser - sie würden ohnehin nicht aufgenommen werden.

Geeignet für

Groß-papageien	Großsittiche + Kleinpapageien	Wellen-sittiche	Kanarien	Wald und Finkenvögel	Weichfresser	Ziergeflügel	Prachtfinken
✓	✓	✓	✓	✓	✓	✓	✓

Die Linse (*Lens culinaris*) ist eine Pflanzenart aus der Gattung Linsen (*Lens* spp.) und gehört wie Erbse und Bohne zur Familie der Hülsenfrüchtler (*Fabaceae* oder *Leguminosae*). Früher galten die Linsen als „Arme-Leute-Essen", heute haben sie aufgrund ihres Eiweißgehaltes als Alternative zum Fleisch eine neue Popularität erlangt.

Herkunft und Geschichte

Linsen stammen aus dem Mittelmeerraum oder Kleinasien; angebaut werden sie bereits seit Beginn des Ackerbaus – schon in der Steinzeit war die Hülsenfrucht eine wichtige Nutzpflanze.

Im alten Ägypten gehörten Linsen zu den Grundnahrungsmitteln. Heute werden die zahlreichen Sorten in vielen Ländern der Erde angebaut. Allein in Indien sind über 50 Sorten verbreitet. In Deutschland sind die Schwäbische Alb und Niederbayern wichtige Anbaugebiete.

Lagerung

In unseren Breiten sind Linsen als Konserve oder aber getrocknet erhältlich. Bei kühler und trockener Lagerung bleiben getrocknete Linsen mindestens ein Jahr haltbar.

Inhaltsstoffe

Linsen sind sehr gute Eiweißlieferanten. Außerdem sind nennenswerte Mengen an B-Vitaminen, Provitamin A und Vitamin E enthalten. Sie sind überdies reich an Kalium, Kalzium, Magnesium, Phosphor, Eisen und Zink. Der Ballaststoffgehalt der Linsen ist sehr hoch.

Verfügbarkeit

Da das Gemüse fast nur getrocknet oder als Konserve in den Handel kommt, ist es bei uns unabhängig von der Jahreszeit erhältlich.

Fütterungshinweise

Linsen sind Bestandteil vieler Quell- oder Keimfuttermischungen. Sie können nach einer Einweichzeit von etwa 12 Stunden verfüttert werden. Da bei der Verfütterung von gequollenen Leguminosen gelegentlich vor Verdauungsproblemen gewarnt wird, darf ihr Anteil im Keimfutter nicht zu hoch sein.

Ein sorgfältig zubereitetes Keimfutter mit Linsenanteil wird von fast allen Papageienarten sehr gerne angenommen.

Tipp Wenn es schnell gehen soll, können Sie auch Linsen aus Konserven anbieten. Diese sind bereits erhitzt worden und so sehr schmackhaft und gut verdaulich.

Geeignet für

Groß-papageien	Großsittiche + Kleinpapageien	Wellen-sittiche	Kanarien	Wald- und Finkenvögel	Weichfresser	Ziergeflügel	Prachtfinken
✓	✓					✓	

Möhre

Die Möhre (*Daucus carota* ssp. *sativus*) ist auch als Karotte, Mohrrübe oder Gelbe Rübe bekannt; sie ist der wichtigste Vertreter des Wurzelgemüses. Sie gehört zur Familie der Doldenblütler (*Umbelliferae*). Der Name Karotte stammt aus dem Lateinischen; dort stand „Carota" für „verbrannt", da die Wurzel früher eine purpurne Farbe hatte.

Herkunft und Geschichte

Schon vor über 1.000 Jahren kannte man die Wildformen der Möhre als Nahrungspflanze. Im 10. bis 12. Jahrhundert soll die ursprünglich purpurfarbene Möhre aus Asien in den Mittelmeerraum gelangt sein, wo sich gelbe Zuchtformen entwickelten. Die orangefarbene Möhre wurde wohl im 17. Jahrhundert erstmals in den Niederlanden gezüchtet und hat sich bis heute über die ganze Welt verbreitet.

Lagerung

Frisch geerntete Möhren sind ungewaschen bei relativ hoher Luftfeuchte (ca. 95 %) und Temperaturen knapp über dem Gefrierpunkt bis zu 6 Monaten haltbar. Im Gemüsefach des Kühlschrankes halten sie bis zu zwei Wochen. Zuvor blanchierte Möhren können auch eingefroren werden.

Karotten dürfen nicht zusammen mit Äpfeln, Birnen oder Kartoffeln aufbewahrt werden, da sie durch das in den Äpfeln enthaltene Ethylen leicht bitter werden. Möhren von guter Qualität zeichnen sich durch eine glatte und dicke Schale, festes Gewebe sowie wenig Mark aus.

Inhaltsstoffe

Die Möhre ist der wichtigste Lieferant des auch als Karotin bekannten Provitamin A. Weiterhin enthält sie nennenswerte Mengen an Kalzium, Eisen, Kalium, Vitamin C sowie Vitaminen der B-Gruppe. Nicht zu vernachlässigen ist auch der Gehalt an Zucker, der für den süßlichen Geschmack sorgt.

Verfügbarkeit

Die Möhre gehört heute zu den bedeutendsten Gemüsepflanzen der Erde und wird überall auf der Welt angebaut. Entsprechend ist sie jederzeit zu gleich bleibend niedrigen Preisen erhältlich. Im Sommer konzentriert sich das Angebot in unseren Geschäften natürlich auf heimische Ernten.

Fütterungshinweise

Mit den Möhren beim Gemüse ist es ähnlich wie mit den Äpfeln beim Obst: Sie werden von nahezu allen Vögeln gerne angenommen. Bei der Akzeptanz des Gemüses kommt es allerdings nicht selten auf die Darreichungsform an: Während manche Arten ausschließlich das Nagen an ganzen Karotten mögen, bevorzugen andere geriebene Möhren.

Ein fein-süßlicher Geschmack der Gelben Rüben wird meist bevorzugt. Dieser ist bei den zuckerreichen Frühsorten, z.B. der heimischen Maimöhre, stärker ausgeprägt. Auch das Grün der Möhren kann den Papageien angeboten werden; es sollte natürlich beim Kauf frisch aussehen und von kräftiger Farbe sein.

Geriebene oder geraspelte Möhrenstückchen werden oftmals als Zutat für ein selbst hergestelltes Eifutter verwendet; ebenso findet man getrocknete Möhrenscheiben gelegentlich in Fertigfuttermischungen.

Dreifarben-Papageiamadine beim Verzehr von Karotte

Tipp Möhren liefern den Vögeln mehr Provitamin A als rotes Palmöl. Aus ökologischen Gründen sollte daher auf Palmöl verzichtet werden. Um die Vitaminaufnahme aus den Möhren zu steigern, blanchieren Sie diese, streichen Sie diese durch ein Sieb und mischen Sie dieses Mus mit Haselnussmehl aus dem Lebensmittelbereich (1 Teelöffel Nussmehl auf 100 g Möhrenmus).

Geeignet für

Großpapageien	Großsittiche + Kleinpapageien	Wellensittiche	Kanarien	Wald- und Finkenvögel	Weichfresser	Ziergeflügel	Prachtfinken
✓	✓	✓	✓	✓	✓	✓	✓

Paprika

Der Paprika (*Capsicum annuum*) gehört zur Familie der Nachtschattengewächse (*Solanaceae*), zu der unter anderem auch die Kartoffel, die Aubergine und die Tomate zählen. Für die Schärfe der Paprika ist der Stoff Capsaicin verantwortlich. Man unterscheidet in Gemüse- und Gewürzpaprika. Es gibt rote, grüne, gelbe und orange Paprika, bei den Formen unterscheidet man zwischen rund, dreieckig, herzförmig oder spitz.

Herkunft und Geschichte

Unser heutiger Gemüsepaprika war bereits 5.000 v. Chr. bekannt und ist in Lateinamerika beheimatet; in Südamerika war er eine der ersten Pflanzen, die kultiviert wurden. Von spanischen Seefahrern wurden im 16. Jahrhundert verschiedene Paprikasorten nach Europa gebracht; erst im 17. Jahrhundert allerdings begann man in Mittel- und Südeuropa mit dem Nutzanbau. Für viele Sorten werden – je nach Größe, Farbe, Geschmack und Schärfe – besondere Namen verwendet, z. B. Chili, Peperoni, Peperoncini oder Pfefferoni.

Lagerung

Ungewaschen bleibt Gemüsepaprika im Kühlschrank etwa eine Woche frisch; am besten verpackt man ihn hierzu in einen perforierten Plastikbeutel. Damit er nicht an Geschmack und Nährstoffen verliert, muss er im Ganzen aufbewahrt werden. Beim Kauf achte man auf eine glatte, feste und leicht glänzende Schale. Gewürzpaprika wird zur Kühllagerung in Papier eingewickelt; auch er hält dann etwa eine Woche. Getrocknete Paprikaschoten, z.B. Chilischoten, halten sich 6 bis 8 Monate in einem perforierten Kunststoffbeutel im Kühlschrank. Zerstoßene getrocknete Schoten sollten in einem luftdicht verschlossenen Gefäß kühl und trocken aufbewahrt werden.

Inhaltsstoffe

Der Gehalt an Vitamin C ist im gelben Paprika deutlich höher als im grünen Gemüsepaprika; der rote Gemüsepaprika hingegen ist besonders reich an Provitamin A. Beim Gewürzpaprika tritt das Alkaloid Capsaicin in den Vordergrund, welches den Geschmack scharf und brennend werden lässt. Paprikaschoten sind weiterhin reich an Kohlenhydraten.

Verfügbarkeit

Paprikaschoten sind ganzjährig erhältlich; besonders preiswert von Anfang Juni bis Ende November. Ware aus heimischer Erzeugung kommt von Juli bis Oktober auf den Markt; Importe kommen im Winter und Frühjahr hauptsächlich aus Spanien, im Sommer und Herbst in erster Linie aus Italien, Ungarn und der Türkei.

Fütterungshinweise

Gewürzpaprikasorten werden, obwohl sie sehr scharf sein können, von vielen Arten sehr gerne verzehrt. In verschiedenen Fertigfuttermischungen ist ein relativ hoher Anteil an getrockneten Chilischoten enthalten. Besonders unter den Kakadus finden sich viele Liebhaber des scharfen Gemüses. Auch Gemüsepaprika wird gerne angenommen; oftmals erhält man von Papageienhaltern den Hinweis, dass die roten Schoten den grünen oder gelben bevorzugt werden. Ob dies auf die Farbe Rot oder aber den Reifegrad (Gemüsepaprika ist im grünreifen Zustand grün und wird mit zunehmender Reife zunächst gelb und dann rot oder wechselt gleich von grün zu rot) zurückzuführen ist, sei dahingestellt. Gelbe und rote Paprikaschoten schmecken zudem süßlicher als grüne; vielleicht ist auch dadurch die Bevorzugung zu erklären. Gerne wird auch die im Inneren befindliche Samenanlage gefressen.

Paprika wird am besten in kleine Stücke geschnitten angeboten. Wie bei anderen Obst- oder Gemüsesorten, kann sich auch durch den Verzehr der roten Paprika der Kot bei vielen Papageien- und Sitticharten rot verfärben.

Spanische Gesangskanarien, Timbrado Espanol

Tipp Eine wahre Vitamin C Bombe und damit hilfreich zur Unterstützung des Immunsystems ist eine Mischung aus gelben Paprika, grüner Petersilie und roten Cranberries („AMPEL Mischung").

Geeignet für

Groß papageien	Großsittiche + Kleinpapageien	Wellensittiche	Kanarien	Wald- und Finkenvögel	Weichfresser	Ziergeflügel	Prachtfinken
✓	✓	✓	✓	✓	✓	✓	✓

Pastinake

Zwischenzeitlich war die Pastinake (*Pastinaca sativa*) ein wenig in Vergessenheit geraten – in den letzten Jahren hat das sehr alte Gemüse, das bis in die Renaissance sehr beliebt war, wieder mehr Beachtung gefunden. Durch den Kartoffel- und Möhrenanbau wurde die Pastinake etwas verdrängt; sie wird aber heute wieder in etwas größeren Mengen angebaut. Vor allem in Süddeutschland ist die Pastinake als Wildpflanze stark verbreitet.

Herkunft und Geschichte

Bereits im Römischen Reich gehörten Pastinaken zu den beliebtesten Wurzelgemüsen. Bis ins 18. Jahrhundert war „der Pastinak“, wie das Gemüse auch genannt wird, wegen seiner geringen Krankheitsanfälligkeit eines der wichtigsten Grundnahrungsmittel; danach wurde er von Kartoffeln und Möhren verdrängt.

Lagerung

Pastinaken kann man im kühlen Keller lange Zeit lagern; gewaschen und zerkleinert kann das Wurzelgemüse auch eingefroren werden.

Inhaltsstoffe

Das faserreiche, kräftig-wohlschmeckende Gemüse erinnert im Geschmack ein wenig an die Haselnuss und ist reich an Kalium, Proteinen und Vitamin C.

Verfügbarkeit

Die Erntezeit der Pastinake beginnt Anfang Oktober; bis zum Frühjahr ist sie im Angebot.

Fütterungshinweise

Von vielen Arten werden die Pastinakenknollen gerne angenommen. Ähnlich wie Möhren können auch Pastinaken sowohl im rohen als auch im gekochten Zustand verfüttert werden und stellen eine willkommene Abwechslung auf dem Speiseplan der Krummschnäbel dar.

Erlenzeisig

Tipp Pastinaken enthalten besondere Ballaststoffe, bei deren Verdauung flüchtige Fettsäuren im Magen-Darm-Kanal frei werden. Diese Substanzen sind ein wichtiges Nährsubstrat für die Mikroflora und stabilisieren somit die Verdauung der Vögel.

Geeignet für

Groß-papageien	Großsittiche + Kleinpapageien	Wellen-sittiche	Kanarien	Wald- und Finkenvögel	Weichfresser	Ziergeflügel	Prachtfinken
✓	✓	✓	✓	✓	✓	✓	✓

Petersilie

Die Petersilie (*Petroselinum crispum*), auch Peterle genannt, ist eine zweijährige krautige Pflanze aus der Familie der Doldenblütler (*Apiaceae*). Der Name stammt aus dem Griechischen und leitet sich von „patros“ (Fels) und „selinon“ (Doldengewächs) ab. Der Name Petersilie bedeutet somit soviel wie auf „Felsen wachsendes Doldengewächs“. Krause Petersilie wurde gezüchtet, um eine Verwechselung mit der ähnlich aussehenden, aber giftigen Hundspetersilie zu vermeiden.

Herkunft und Geschichte

Ursprünglich kam die Petersilie nur in Tunesien, Algerien, Marokko und Jordanien vor. In diversen europäischen Ländern hat sie sich als Wildpflanze etabliert. In Mitteleuropa wird sie in der Regel in Gärten angebaut; sehr selten verwildert sie.

Die – je nach Zuchtform – glatten oder krausen Blätter gehören bei uns zu den am meisten verbreiteten Küchenkräutern. Doch bevor die Petersilie ihre Karriere in der Küche machte, galt sie als eine der wertvollsten Heilpflanzen, die vor allem aufgrund ihrer harntreibenden Wirkung geschätzt wurde.

Im alten Griechenland war die Petersilie sogar als heilig angesehen und man schmückte Helden mit Petersilien- statt mit Lorbeerkränzen.

Lagerung

Frische Petersilie (Bundware) kann, unter kaltem Wasser gut abgewaschen, in einem Glas Wasser, das regelmäßig gewechselt werden sollte, einige Tage an einem halbschattigen, kühlen Platz gelagert werden. Die Lebensdauer lässt sich noch verlängern, wenn man dem gewässerten Petersilienstrauß einen durchlöcherten Plastikbeutel überstülpt. Krause Petersilie ist bei der Lagerung unkomplizierter als die glatte Variante.

Inhaltsstoffe

Die Petersilie enthält viel Wasser, wenig Fett und ist daher kalorienarm. Das Küchenkraut stellt ein sehr hochwertiges Grünfutter dar; es enthält viel Vitamin C und Provitamin A sowie die Mineralstoffe Eisen, Phosphor, Kalzium und Kalium.

Verfügbarkeit

Die Petersilie kann leicht im Blumentopf auf der Fensterbank kultiviert werden; sie ist auch im Supermarkt ganzjährig frisch erhältlich – wahlweise als Topfpflanze oder als Bundware.

Fütterungshinweise

Von vielen Arten wird die Aufnahme der Petersilie verweigert; in solchen Fällen kann sie ganz klein geschnitten unter das Futter gemischt werden, um die Vögel an den Geschmack zu gewöhnen.

Das „Petersilienfruchtöl“, welches die Wirkstoffe Apiol und Myristicin enthält und gefährliche Folgen für verschiedene innere Organe haben kann, wird allerdings vor allem in den Früchten der Petersilie angereichert, weshalb diese nicht zum Verzehr in der Vogelernährung geeignet sind. Da der Anteil dieser Öle in den Blättern maximal 0,3 % beträgt, können diese unbedenklich verfüttert werden.

Tipp Petersilie weist ebenso wie Dill höhere Gehalte an Kalzium sowie Provitamin A auf. Kleingehackt und in einer Streudose tiefgefroren kann es als „Top-Dressing“ über alle Obst- und Gemüsemischungen gestreut werden.

Geeignet für

Groß-papageien	Großsittiche + Kleinpapageien	Wellen-sittiche	Kanarien	Wald- und Finkenvögel	Weichfresser	Ziergeflügel	Prachtfinken
✓	✓	✓	✓	✓	✓	✓	✓

Rettich und Radieschen

Genau wie die Rübe ist auch der Rettich (*Raphanus sativus*), zu dem auch das Radieschen zählt, eine sehr alte Kulturpflanze, die – wie schon Plinius berichtete – bereits den Ägyptern der Pyramidenzeit bekannt war. Er gehört zur Familie der Kreuzblütler (*Cruciferae*).

Herkunft und Geschichte

Vermutlich stammt der Rettich aus Vorderasien und wurde bereits vor Christi Geburt von verschiedenen Völkern kultiviert. Nach Mitteleuropa kam er vor etwa 2.000 Jahren durch die Römer; heute wird er nahezu weltweit angebaut.

Lagerung

Im Kühlschrank halten sich Rettich und Radieschen, ungewaschen in einem perforierten Kunststoffbeutel verpackt, mehrere Wochen, büßen dabei allerdings allmählich an Festigkeit ein. Vorhandenes Grün sollte vor einer längerfristi-

gen Einlagerung entfernt werden, da das Gemüse sonst zu schnell austrocknet. Gewaschen wird das Wurzelgemüse am besten erst kurz vor der Verarbeitung.

Inhaltsstoffe

Neben nennenswerten Mengen der Mineralstoffe Kalzium, Eisen, Kalium, Natrium und Phosphor enthalten Rettiche Vitamin C und Vitamine der B-Gruppe. Radieschen sind überdies reich an Provitamin A.

Verfügbarkeit

Rettich steht ganzjährig überwiegend aus heimischen Ernten zur Verfügung. Radieschen kommen von Mai bis Oktober aus deutschem Anbau auf den Markt; in den restlichen Monaten stammen die Importe überwiegend aus Italien und den Niederlanden.

Fütterungshinweise

Sowohl Rettich oder Radi (*Raphanus sativus* var. *niger*) als auch Radieschen (*Raphanus sativus* var. *sativus*) sind beliebte Futterpflanzen in der Vogelhaltung, wenngleich sie nicht von allen Papageien sofort akzeptiert werden. Sie müssen immer wieder angeboten werden; Geduld zahlt sich hier meist aus.

Rettichsorten mit länglicher Wurzel und milderem Geschmack werden den gedrungenen mit schärferem Geschmack in aller Regel bevorzugt. Der Daikon- oder Chinesische Rettich (*Raphanus sativus* var. *longipinnatus*) ist besonders beliebt; er zeichnet sich durch relativ mildes, knackiges Fleisch aus und schmeckt bisweilen etwas süßlich.

Die Akzeptanz für Radieschen liegt meist deutlich höher als für Rettich, was allerdings – wie schon in anderen Fällen beobachtet – mit der roten Farbe der Schale zu tun haben könnte. Besonders unter den Amazonen (*Amazona* spp.) und Graupapageien (*Psittacus erithacus*) finden sich viele Freunde des herzhaften Gemüses.

Tipp Salzen Sie Rettich und Radieschen leicht. Zum einen verlieren sie dadurch Wasser und die günstigen Inhaltsstoffe liegen stärker konzentriert vor. Zum anderen weisen übliche Sämereienmischungen grundsätzlich einen Natriummangel auf, der durch eine milde Salzgabe ausgeglichen wird.

Geeignet für

Groß-papageien	Großsittiche + Kleinpapageien	Wellen-sittiche	Kanarien	Wald- und Finkenvögel	Weichfresser	Ziergeflügel	Prachtfinken
✓	✓					✓	

Rote Bete

Die Rote Bete (*Beta vulgaris* ssp. *vulgaris* var. *vulgaris*) ist eine Kulturform der Rübe und gehört zu den Fuchsschwanzgewächsen. Neben der roten Bete werden auch weiße oder hellgelbe Sorten angeboten.

Herkunft und Geschichte

Urahn der auch Rote Rüben genannten Knollen ist die Wildbete, die von Madeira über die europäische Atlantikküste bis nach Indien ein riesiges Verbreitungsgebiet hat. Bereits in der Antike kannte man eine Kulturform; die moderne, milde Rote Bete ist allerdings erst im 19. und 20. Jahrhundert gezüchtet worden.

Lagerung

Im Gemüsefach des Kühlschranks hält die rote Knolle etwa 10 Tage. Beim Einkauf sollte sie möglichst fest sein und eine braunrote Schale aufweisen. Sehr dicke oder längliche Rüben sind nicht empfehlenswert, da sie häufig faserig sind.

Inhaltsstoffe

Die rote Farbe wird durch das Glykosid Betanin bedingt. Neben Provitamin A, Vitaminen der B-Gruppe und Vitamin C enthält die Rote Bete zahlreiche Mineralstoffe (Kalzium, Eisen, Jod, Kalium, Phosphor, Natrium und Schwefel).
Hinzuweisen ist aber auch auf höhere Gehalte an Nitrat.

Verfügbarkeit

In Deutschland zählt die Rote Bete zu den klassischen Wintergemüsen. Rote Rüben sind nahezu ganzjährig erhältlich; in den Herbst- und Wintermonaten sind sie besonders preisgünstig.

Neben inländischer Ware werden hauptsächlich Importe aus den Niederlanden und aus Belgien angeboten. Neuerdings können Sie das ganze Jahr über geschälte Rote Bete vakuumiert erhalten.

Fütterungshinweise

Sowohl die Knollen als auch die Stängel samt Blättern können angeboten werden. Zu berücksichtigen ist, dass sich die Exkremente (Kot wie auch Harn) durch die Aufnahme von Roter Bete rötlich verfärben können, was völlig harmlos ist und nach Absetzen der Rübe wieder verschwindet.
Beim Verfüttern der Roten Rübe sollten dennoch ausschließlich leicht zu reinigende Gefäße zum Einsatz kommen. Denken Sie bitte daran, dass sich die Vögel bei der Aufnahme des Wurzelgemüses auch Schnabel und Kopfbereich sowie Gefieder stark färben. Stellt auch für Fruchttauben einen guten Futterbestandteil dar.

Tipp Bieten Sie Rote Bete aufgrund des höheren Nitratgehaltes nicht öfter als einmal pro Monat an. Gleiches gilt auch für den Rote Bete-Saft.

Geeignet für

Groß-papageien	Großsittiche + Kleinpapageien	Wellen-sittiche	Kanarien	Wald- und Finkenvögel	Weichfresser	Ziergeflügel	Prachtfinken
✓	✓				✓	✓	✓

Spargel

Spargel (*Asparagus officinalis*) ist eine Staude, die unterirdisch wächst und zur Familie der Liliengewächse gehört. Die Spargelpflanze treibt aus bis zu acht Metern langen Wurzeln ihre Knospen senkrecht an die Oberfläche. Solange sie mit Erde bedeckt sind, bleiben sie weiß. Bei Licht verfärben sich die Stangen ins Violette, um dann grün zu werden. Die Spargelfarbe wird also nicht durch die Pflanzenart, sondern die Erntemethode bestimmt.

Herkunft und Geschichte

Die Vorläufer und Verwandten des heutigen Gemüsespargels kommen ursprünglich aus den warmen Regionen Mittel- und Südeuropas, Vorderasiens und Nordafrikas. Die Römer brachten das Gemüse über die Alpen; lange Zeit vorher war bei den Chinesen und Ägyptern bereits seine Heilwirkung bekannt.

Kaiser Augustus soll ein so großer Spargelfan gewesen sein, dass er bei Befehlen an seine Dienerschaft stets anfügte: „citius quam asparagus coqunatur", was so viel bedeutet wie: Erfülle er den Auftrag schneller, als der Spargel zum Kochen brauche. Grüner Spargel wird in unseren Breiten seit dem 16. Jahrhundert kultiviert, weißer Spargel erst seit dem 19. Jahrhundert.

Lagerung

Frischer Spargel muss schnell verbraucht werden; ungeschält in feuchte Tücher eingewickelt bleibt er im Kühlschrank bestenfalls wenige Tage frisch. Rohe, geschälte Stangen des Bleichspargels lassen sich auch einfrieren.

Inhaltsstoffe

Spargel enthält reichlich Wasser (ca. 93 %) und ist somit kalorienarm. Er enthält u.a. Asparagin, einen Eiweißbaustein, der mit für den Namen des Spargels verantwortlich ist. Daneben ist Spargel kaliumreich; beide Inhaltsstoffe haben eine stark entwässernde Wirkung

Verfügbarkeit

Heimischer (weißer) Spargel wird von Mitte April bis zum 24. Juni geerntet, grüner Spargel etwas später. Importware kommt hauptsächlich aus Griechenland, Peru, Spanien, Frankreich und Thailand.

Fütterungshinweise

Spargel hat eine entwässernde Wirkung, weshalb er sich gut für Tiere mit Herzinsuffizienz eignet.

Spargel enthält aber auch Purine, weshalb er bei Niereninsuffizienz nur mit Bedacht verfüttert werden sollte.

Tipp Fragen Sie im Lebensmittelhandel, in dem Spargelstangen geschält werden, nach Bruchstücken und Schalen, diese sind kostenlos und werden ebenso gern gefressen.

Geeignet für

Groß-papageien	Großsittiche + Kleinpapageien	Wellen-sittiche	Kanarien	Wald- und Finkenvögel	Weichfresser	Ziergeflügel	Prachtfinken
✓	✓						

Spinat und Mangold

Spinat (*Spinacia oleracea*) und Mangold (*Beta vulgaris* ssp. *vulgaris* var. *flavescens*) gehören zur Familie der Gänsefußgewächse (*Chenopodiaceae*); wegen des ähnlichen Aussehens und Geschmacks galt der Mangold lange Zeit als „derber Bruder des Spinats".

Herkunft und Geschichte

Die Heimat des Spinats wird im Orient vermutet; von den Arabern, welche ihm auch seinen Namen gaben, wurde er nach Spanien gebracht und verbreitete sich seit dem 16. Jahrhundert in ganz Europa. Mangold ist eine Varietät der Roten Bete; vermutlich war eine Mischform aus beiden Sorten bereits in der Antike als Gemüse bekannt.

Im Mittelalter wurde der Anbau von Mangold in kaiserlichen und klösterlichen Schriften erwähnt.

Lagerung

Frischer Spinat und Mangold können, lose im Gemüsefach des Kühlschranks aufbewahrt, nur zwei bis vier Tage gelagert werden; beide Sorten sind also zum schnellen Verbrauch bestimmt. Die Blätter ohne Stiele können auch eingefroren werden, nachdem sie zwei Minuten blanchiert wurden.

Während die Blätter des frischen Spinats zart, geschmeidig und dunkelgrün sind, sollte der Mangold beim Einkauf feste, makellose Stiele sowie knackige, gleichmäßig gefärbte Blätter aufweisen.

Inhaltsstoffe

Die ernährungsphysiologischen Werte der beiden Blattgemüsesorten sind recht ähnlich. Sowohl Spinat als auch Mangold sind reich an Provitamin A, welches im Körper der Vögel in Vitamin A umgewandelt wird.

Daneben sind Vitamine der B-Gruppe (insbesondere Folsäure), Vitamin C sowie Magnesium, Kalzium, Kalium und Eisen enthalten.

Verfügbarkeit

Beide Sorten sind auf unseren Märkten ganzjährig erhältlich; während der Spinat hauptsächlich aus heimischen Ernten stammt, wird Mangold überwiegend aus Italien importiert.

Fütterungshinweise

Spinat und Mangold stellen ein überaus wertvolles Gemüse dar und werden von vielen Vögeln gerne angenommen. Besondere Liebhaber für das Blattgemüse finden sich unter den australischen Sittichen, insbesondere den Wellensittichen (*Melopsittacus undulatus*) und den Nymphensittichen (*Nymphicus hollandicus*).

Manche Arten ziehen gekochtes Gemüse dem rohen vor; der Verzicht auf Salz beim Kochen erscheint in diesem Zusammenhang selbstverständlich.

Tipp Aufgrund des höheren Kalziumgehaltes sind Spinat und Mangold wertvolle Futtermittel während der Zucht von der Eiablage bis hin zur Jungenaufzucht.

Geeignet für

Groß-papageien	Großsittiche + Kleinpapageien	Wellen-sittiche	Kanarien	Wald- und Finkenvögel	Weichfresser	Ziergeflügel	Prachtfinken
✓	✓	✓	✓	✓	✓	✓	✓

Süßkartoffel

Auch wenn Name und Aussehen etwas anderes vermuten lassen: Die Süßkartoffel (*Ipomoea batatas*) ist nicht mit der Kartoffel (*Solanum tuberosum*) verwandt. Sie wird auch Batate genannt und zählt zur Familie der Windengewächse (*Convolvulaceae*). Da es sich um eine mehrjährige, rankend-kriechende Staude handelt, kann sie an warmen Orten gut in Balkonkästen oder Blumenampeln kultiviert werden.

Herkunft und Geschichte

Ursprünglich stammt die Süßkartoffel aus Mittel- und Südamerika; spanische Seefahrer haben sie im 16. Jahrhundert mit nach Europa gebracht. Da sie sehr wärmeliebend ist, wird sie in Europa überwiegend in Italien, Portugal und Spanien angebaut. Die Knollen auf unseren Märkten kommen meist aus Israel und Südamerika.

Lagerung

Bei kühler, trockener und dunkler Lagerung sind Bataten bis zu drei Monate haltbar. Wer diese Lagerbedingungen nicht schaffen kann, sollte die Knollen bald verbrauchen.

Inhaltsstoffe

Süßkartoffeln sind reich an Kalium, Zink und Kalzium. Des Weiteren enthalten sie viel Beta-Carotin. Ihr hoher Zuckergehalt lässt sie leicht süßlich schmecken. Einige Süßkartoffelarten können Blausäure enthalten; diese wird aber durch Kochen unschädlich gemacht.

Verfügbarkeit

Durch Importe aus verschiedenen Anbaugebieten der Erde sind Süßkartoffeln bei uns ganzjährig erhältlich.

Fütterungshinweise

Wegen der – je nach Sorte – enthaltenen Blausäure sollten Süßkartoffeln vor dem Verfüttern auf jeden Fall gekocht werden. Über die Akzeptanz des Knollengemüses bei Papageien wurde bisher wenig berichtet; da Geschmack und Konsistenz (zumindest im gekochten Zustand) irgendwo zwischen Kartoffel und Möhre liegen, ist aber davon auszugehen, dass die Möhren- oder Kartoffelliebhaber unter den Krummschnäbeln auch die Süßkartoffel nicht verschmähen werden.

Verschiedene Darreichungsformen (z.B. geraspelt, in kleine Stücke geschnitten, im Ganzen an einem Ast aufgespießt) sind denkbar.

Rostkappenpapagei beim Ergreifen eines Süßkartoffelstücks

Tipp Schneiden Sie die Süßkartoffel in schmale Streifen und trocknen Sie diese im Backofen - so haben Sie einen gesunden und durchaus beliebten Leckerbissen, den Sie auch bei weniger zahmen Vögeln aus der Hand füttern können.

Geeignet für

Groß-papageien	Großsittiche + Kleinpapageien	Wellen-sittiche	Kanarien	Wald- und Finkenvögel	Weichfresser	Ziergeflügel	Prachtfinken
✓	✓	✓	✓	✓	✓	✓	✓

Tomate

Wie der Paprika oder die Kartoffel gehört auch die Tomate (*Solanum lycopersicon*) zur Familie der Nachtschattengewächse (*Solanaceae*).

Herkunft und Geschichte

Vermutlich wuchs die Tomate ursprünglich als tropische Wildpflanze in den Andengebieten von Peru undEcuador.BereitsvorvielenhundertJahrenwurde sie von den Indianern zum Nahrungserwerb angebaut. Die ursprünglich kirschgroße Frucht wurde allmählich größer gezüchtet und bekam von den Einheimischen den Namen „tomatl“, was „Schwellpflanze“ bedeutet. Mit Kolumbus gelangte die Tomate 1498 nach Europa, doch der erwerbsmäßige Anbau begann hier zu Lande erst im 19. Jahrhundert. Heute wird sie weltweit kultiviert; die wichtigsten Erzeugerländer sind China, Indien, die USA und die Türkei.

Lagerung

Da Tomaten transportempfindlich sind, werden sie meist grün oder blassrot geerntet. Der Geschmack bleibt dann oft wässrig und fade. Nur am Strauch ausgereifte Früchte erschließen ihr Aroma vollständig. Reif gepflückte Tomaten erkennt man am typischen Geruch und daran, dass sie auf leichten Druck nachgeben.

Tomaten vertragen keine Lagerung im Kühlschrank und müssen binnen weniger Tage verbraucht werden. Sie sollten bei der Aufbewahrung nicht direkt der Sonne ausgesetzt sein.

Inhaltsstoffe

Neben zehn verschiedenen Spurenelementen und 13 Vitaminen, darunter Provitamin A und Vitamin C, enthalten Tomaten vor allem Kalzium, aber auch Eisen, Kalium, Magnesium und Phosphor.

Verfügbarkeit

Die Hauptsaison für Tomaten ist bei uns von Juli bis Oktober; bedingt durch Importe aus verschiedenen Regionen der Erde sind sie allerdings ganzjährig zu stabilen Preisen erhältlich.

Fütterungshinweise

Wegen des bereits erwähnten Aromaverlustes bei unreif geernteten Tomaten sollten nur reif geerntete Früchte angeboten werden.

Tomaten können klein geschnitten oder halbiert angeboten werden; in letzterem Fall beschäftigen sich die Vögel zunächst mit dem Heraussammeln der Kerne. Tomaten werden nicht von allen Arten angenommen; dennoch finden sich unter allen Gattungen Liebhaber des roten Fruchtgemüses. Auch hier zahlt sich Geduld und das Anbieten verschiedener Sorten aus.

Nach unserer Erfahrung werden die kleinen, geschmacksintensiven und fruchtig-süßen Cocktailtomaten besonders gerne angenommen.

Tipp Halten Sie sich vor Augen, dass Sie mit Tomaten zunächst einmal viel Wasser anbieten. Entsprechend setzt der Vogel viel Harn ab, was den Eindruck von „Durchfall“ zur Folge haben kann. Eine höhere Nährstoffzufuhr erreichen Sie durch das Angebot von getrockneten Tomaten, die Sie im Lebensmittelmarkt beziehen können.

Geeignet für

Groß-papageien	Großsittiche + Kleinpapageien	Wellen-sittiche	Kanarien	Wald- und Finkenvögel	Weichfresser	Ziergeflügel	Prachtfinken
✓	✓	✓	✓	✓	✓	✓	✓

Zucchini und Kürbis

Die Zucchini (*Cucurbita pepo*) sind die wichtigsten Vertreter der Sommerkürbisse und gehören wie der Winterkürbis (*Cucurbita maxima*) zur Familie der Kürbisgewächse (*Cucurbitaceae*).

Herkunft und Geschichte

Der Kürbis ist schon seit mehr als 10.000 Jahren als Gemüsepflanze bekannt. Die Kulturpflanze hat sich aus Wildformen entwickelt, die ursprünglich in Mexiko und Guatemala beheimatet waren. Vor etwa 400 Jahren kam der Kürbis aus der Karibik und Mexiko über Italien nach Mitteleuropa. Es haben sich viele, zum Teil schwer unterscheidbare Formen und Varietäten von Speise- und Zierkürbissen gebildet. Die Zucchinipflanze entwickelte sich wahrscheinlich aus dem Kürbis und stammt ebenfalls aus Mittelamerika.

Da er nur in mildem Klima gedeiht, wird er in Europa hauptsächlich in den Mittelmeerländern kultiviert. Im Gegensatz zu Kürbissen werden Zucchini unreif verzehrt.

Lagerung

Zucchini sind recht empfindlich und bleiben im perforierten Plastikbeutel gekühlt nur etwa eine Woche frisch; in Scheiben geschnitten und kurz blanchiert können sie eingefroren werden. Rohe Winterkürbisse lassen sich im Ganzen an einem dunklen, feucht-kühlen Ort mitunter mehrere Monate aufbewahren.

In Stücke geschnitten halten sie im Kühlschrank nur ein bis zwei Tage. Beim Einkauf achte man auf glatte, pralle Exemplare. Einwandfreie Zucchini zeichnen sich durch eine glänzende Schale aus; bei Winterkürbissen dagegen muss die Schale eher matt sein.

Inhaltsstoffe

Während Kürbisse überdurchschnittlich viel Provitamin A enthalten, sind Zucchini vor allem reich an Kalzium und Eisen.

Verfügbarkeit

Zucchini sind ganzjährig auf unseren Märkten erhältlich; zur Zeit der heimischen Ernten von Juni bis Oktober sind sie besonders preiswert. Das Angebot der Winterkürbissorten ist auf den Zeitraum von Juli bis Januar beschränkt; man erhält sie am besten auf Wochenmärkten direkt vom Erzeuger. Sowohl Zucchini als auch Kürbisse können im eigenen Garten angebaut werden.

Fütterungshinweise

Oftmals nehmen die Vögel ausschließlich die Kerne des Kürbis an. Kürbisse werden am besten frisch im reifen Zustand verfüttert, denn unreife Exemplare besitzen wenig Geschmack, alte Kürbisse dagegen haben oft faseriges Fleisch.

Bei den Zucchini wähle man am besten kleine Exemplare aus, da diese von intensiverem Geschmack sind.

Als einzige Gemüseart in eine reine Obstmischung gemengt, habe ich mit der Gabe von Zucchini gute Erfahrungen gemacht. Haben die Ziervögel jedoch die Auswahl unter verschiedenen Gemüsesorten, werden die anderen Arten meist bevorzugt.

Tipp Aufgrund des Ertragsreichtums kommt man bei der Zucchiniernte oft nicht nach, die Früchte zu verfüttern. Kochen Sie diese doch zusammen mit Gurken und Paprika ergänzt mit Dill ein. So werden diese auch für den Winter haltbar und Sie haben gleichzeitig ein schönes Mitbringsel für andere Vogelliebhaber.

Geeignet für

Groß-papageien	Großsittiche + Kleinpapageien	Wellen-sittiche	Kanarien	Wald und Finkenvögel	Weichfresser	Ziergeflügel	Prachtfinken
✓	✓	✓	✓	✓	✓	✓	✓

Nüsse

Cashewnuss

Der zur Familie der Sumachgewächse (*Anacardiaceae*) gehörende und bis zu 12 m hohe Cashewbaum (*Anacardium occidentale*) bringt eine birnenförmige Frucht (Cashewapfel) hervor, an dessen Spitze die etwa 2 cm lange, nierenförmige Cashewnuss sitzt. Der Cashewapfel selbst ist nicht versandfähig, wird allerdings in seiner Heimat verzehrt.

Herkunft und Geschichte

Portugiesen entdeckten den Baum als erste Europäer im Nordosten Brasiliens. Sie brachten die Pflanze schon im 16. Jahrhundert nach Indien und Mosambik, von wo aus sie später auch in anderen tropischen Ländern Afrikas und Asiens Verbreitung fand. Die Hauptanbaugebiete der Cashewnuss liegen heute in Vietnam, Nigeria, Indien und der Elfenbeinküste.

Lagerung

Cashewkerne, die bei uns in der Regel ohne Schale in den Handel kommen, sollten möglichst kühl, trocken und luftdicht verschlossen aufbewahrt werden. Sobald die Verpackung einmal angebrochen ist, sollten sie relativ schnell verbraucht werden. Wegen ihres hohen Fettgehalts (ca. 45 %) werden sie an der Luft schnell ranzig und ungenießbar.

Am besten füllt man Cashewnüsse nach dem Öffnen der Packung in eine Frischhaltedose um und lagert diese im Kühlschrank; so sind sie ein paar Wochen haltbar.

Inhaltsstoffe

Die süßlich schmeckenden Kerne enthalten neben dem Provitamin A die Vitamine B_1, B_2 und E.

Verfügbarkeit

Cashewkerne sind bei uns ganzjährig erhältlich.

Fütterungshinweise

Cashewkerne werden von vielen Arten gerne angenommen. Man muss allerdings streng darauf achten, dass nur ungesalzene Kerne angeboten werden. Wegen des hohen Fettgehaltes sollten sie auch nur als gelegentlicher Leckerbissen auf dem Speiseplan stehen. Statt der ganzen oder halbierten Kerne, die zahme Ziervögel gerne aus der Hand nehmen, können auch zerkleinerte Kerne unter das Körnerfutter gemischt werden.

Wegen der schnellen Verderblichkeit der Kerne sollte man allerdings nur Mengen mischen, die noch am gleichen Tag verbraucht werden.

Tipp Cashewkerne eignen sich, den Vogel zur Brut zu stimulieren. Daher sollten sie nicht das ganze Jahr gefüttert werden, sondern nur kurze Zeit (etwa 4 Wochen) vor der Legeperiode.

Geeignet für

Groß-papageien	Großsittiche + Kleinpapageien	Wellen-sittiche	Kanarien	Wald- und Finkenvögel	Weichfresser	Ziergeflügel	Prachtfinken
✓*	✓	✓		✓		✓	

* Nicht geeignet für Amazonen und australische weiße Kakadus

Haselnuss

Schon die Römer und die Griechen kannten die Haselnuss als Nahrungsmittel und schätzten sie vor allem wegen ihrer sekundären Inhaltsstoffe, die eine heilende Wirkung haben.

Herkunft und Geschichte

Bereits vor mehr als 5.000 Jahren wurde die Frucht in chinesischen Manuskripten erwähnt. Die ursprünglich vermutlich aus Kleinasien stammende Wald-Haselnuss (*Corylus avellana*) hat sich von dort aus über fast ganz Europa ausgebreitet. Die als mehrstämmiger Strauch oder kleiner Baum wachsende Wald-Haselnuss ist sowohl als Wildpflanze als auch als Kulturpflanze überall in feuchten, gemäßigten Breiten anzutreffen.

Einige der kultivierten Sorten stammen von der mit der Wald-Haselnuss nahe verwandten Lambertsnuss (*Corylus maxima*) ab beziehungsweise sind Hybriden zwischen diesen beiden Arten. Der Hauptanteil der Weltproduktion stammt aus der Türkei.

Lagerung

Da frische Haselnüsse vor allem ohne Schale leicht verderblich sind, sollten sie so schnell wie möglich verbraucht werden. Mit Schale können die Früchte, kühl und trocken gelagert, bis zu einem Monat aufbewahrt werden. Werden sie ohne Schale eingefroren, halten sie bis zu einem Jahr.

Inhaltsstoffe

Haselnüsse enthalten sehr viel Magnesium, Kalium und Kupfer und sind reich an den Vitaminen B_1, B_6 und E sowie Folsäure und Pantothensäure. Des Weiteren sind Phosphor, Eisen, Zink und Kalzium zu nennen. Ihr Fettgehalt ist mit etwa 60 % sehr hoch.

Verfügbarkeit

Gemäß der Erntezeit werden Haselnüsse bei uns hauptsächlich im September und Oktober angeboten, sind aber generell ganzjährig verfügbar. Die bei uns angebotene Ware stammt größtenteils aus den USA und Frankreich.

Fütterungshinweise

Da die Haselnuss einen sehr hohen Fettgehalt aufweist, sollte sie nur als gelegentlicher Leckerbissen angeboten werden.

Großpapageien beschäftigen sich dabei besonders mit dem Knacken der Schale.

Dass Nüsse leicht verpilzen, ist allgemein bekannt. Deshalb tut man gut daran, nur beste, frischeste Ware einzukaufen und auf längere Lagerung zu verzichten. Beim Kauf von geschälten Früchten ist darauf zu achten, dass die Nüsse nicht geröstet oder gesalzen sind.

Das Stichwort „Beschäftigung" spielt in der artgerechten Papageienhaltung eine maßgebliche Rolle. Insofern ist die Haselnuss (mit Schale) bestens geeignet als kleiner Zwischendurch-Snack.

Tipp Aufzuchtfutter für Aras benötigen allgemein einen etwas höheren Protein- und Energiegehalt. Bei der Herstellung eigener Mischungen bietet es sich an, Haselnussmehl (im Lebensmittelhandel erhältlich) zuzumischen. Hat ein Vogel aufgrund einer Erkrankung abgenommen, so sollte dem „Päppelfutter" ebenfalls Haselnussmehl zugegeben werden.

Geeignet für

Groß-papageien	Großsittiche + Kleinpapageien	Wellen-sittiche	Kanarien	Wald- und Finkenvögel	Weichfresser	Ziergeflügel	Prachtfinken
✓*	✓	✓		✓		✓	

* Nicht geeignet für Amazonen und australische weiße Kakadus

Mandel

Mandeln (*Prunus dulcis*) gehören zur Familie der Rosengewächse (*Rosaceae*). Obwohl sie meist zu den Nüssen gezählt werden, sind Mandeln botanisch gesehen Steinfrüchte und verwandt mit Kirschen, Pflaumen und Pfirsichen.

Herkunft und Geschichte

Der Mandelbaum stammt mit hoher Wahrscheinlichkeit aus Südwestasien; seine natürlichen Standorte sind Gebüsche an sonnigen Hängen auf steinigen Böden in einer Höhenlage von 700 bis 1700 m.

Heute werden Mandeln überwiegend in den USA (Kalifornien) sowie im Mittelmeerraum angebaut.

Lagerung

Mandeln mit Schale sind bei kühler, trockener und dunkler Lagerung mehrere Monate haltbar. Mandelkerne werden in der Regel verpackt angeboten.

Angebrochene Packungen sollten immer wieder fest verschlossenen und kühl und trocken gelagert werden; bei unsachgemäßer Lagerung werden die Mandeln schnell ranzig und ungenießbar, es kann außerdem zu Schimmelpilzbefall kommen.

Inhaltsstoffe

Neben 54 % Fett enthalten Mandeln viel Eiweiß und Mineralstoffe (Kalium, Phosphor, Eisen, Magnesium) sowie die Vitamine B_1, B_2 und B_6.

Verfügbarkeit

Während das Hauptgeschäft für Krachmandeln (*Prunus dulcis* var. *fragilis*) in die Weihnachtszeit fällt, sind Mandelkerne ganzjährig erhältlich.

Fütterungshinweise

Mandelsorten mit harter Schale werden meist bereits im Erzeugerland aufgeschlagen; es kommen nur die Kerne in den Handel. Krachmandeln dagegen werden mit Schale exportiert. Sie haben somit einen höheren Beschäftigungswert für die Papageien.

Bei den Nussliebhabern unter den Papageien (insbesondere Aras und Kakadus) sind Mandeln sehr beliebt. Wegen der Gefahr des Schimmelpilzbefalls ist auf frische Ware zu achten; wegen ihres hohen Fettgehaltes sollten Mandeln zudem nur als gelegentlicher Leckerbissen angeboten werden.

Tipp Der höhere Magnesiumgehalt in den Mandeln hat eine allgemein etwas beruhigende Wirkung, die gerade in der Aufzuchtperiode bei den mitunter etwas triebigen Kakadus genutzt werden kann. Aufgrund des höheren Fett- und Energiegehaltes und der damit verbundenen Gefahr der Verfettung, sollten aber nicht mehr als 2 Mandeln pro Tag gefüttert werden.

Geeignet für

Groß-papageien	Großsittiche + Kleinpapageien	Wellen-sittiche	Kanarien	Wald- und Finkenvögel	Weichfresser	Ziergeflügel	Prachtfinken
✓*	✓	✓		✓		✓	

* Nicht geeignet für Amazonen und australische weiße Kakadus

Paranuss

Die Paranuss (*Bertholletia excelsa*) ist die Frucht des bis zu 50 m hohen Paranussbaumes, der eine ausladende Krone sowie einen mächtigen Stamm hat und zur Familie der Deckeltopfbäume (*Lecythidaceae*) zählt.

Herkunft und Geschichte

Der Paranussbaum ist nach Castanha-do-Pará (amtlich Belém), der Hauptstadt des brasilianischen Bundesstaates Pará, benannt. Er ist in Südamerika im Tiefland des Amazonas und Orinoco (Brasilien, Peru, Bolivien, Venezuela) heimisch und wächst dort an Standorten, die nie überschwemmt werden („terra firme"). Anbauversuche sind wegen der komplizierten Bestäubungsbiologie und der langen Kulturdauer bis zum Ertrag (10 bis 25 Jahre) weitgehend fehlgeschlagen. Die großen, dickschaligen und holzartig harten Früchte benötigen etwa 15 Monate zum Reifen; eine Frucht liefert 12 bis 24 Samen, die so genannten „Paranüsse".

Lagerung

Paranüsse in der Schale sind luftdicht, trocken und kühl gelagert bis zu mehreren Monaten haltbar.

Ideal für die Lagerung sind Temperaturen um den Gefrierpunkt und 65 - 75 % relative Luftfeuchte.

Paranüsse ohne Schale verderben schnell und sollten deshalb in einem fest verschlossenen Behälter im Kühlschrank aufbewahrt werden.

Inhaltsstoffe

Die Samen des Paranussbaumes sind außerordentlich gehaltvoll. Sie enthalten bis zu 70 % Fett und viele Mineralstoffe (Phosphor, Kalium, Zink und Eisen) sowie nennenswerte Mengen an Vitamin B_1.

Verfügbarkeit

Paranüsse sind auf den europäischen Märkten ganzjährig erhältlich; die Importe kommen größtenteils aus Brasilien, aber auch aus Bolivien, Peru, Chile und Ecuador. Je früher die Importe (ab März bis Juni), desto geringer ist das Aflatoxin-Problem (siehe unten), da hier trocken gelagert werden kann.

Fütterungshinweise

Wegen des natürlichen, hohen Feuchtigkeitsgehaltes (25 - 30 %) werden Paranüsse nach der Ernte durch ein spezielles Erhitzungsverfahren auf 8 - 10 % Feuchtigkeit getrocknet. Dennoch sind die Nüsse oftmals mit Aflatoxinen belastet (ein Schimmelpilzgift, welches zu einer Belastung des Leberstoffwechsels führt).

Vögeln sollte also nur allerbeste, frischeste Ware angeboten werden. Auf die Verfütterung von Paranusskernen ohne Schale ist wegen der schlechteren Haltbarkeit besser zu verzichten. Somit steht – wegen der harten Schale – die Paranuss nur für Großpapageien zur Verfütterung zur Verfügung.

Wegen des sehr hohen Fettgehaltes ist zu empfehlen, Paranüsse nur als gelegentlichen Leckerbissen in geringen Mengen anzubieten. Zahme Aras oder Kakadus nehmen eine Paranuss gerne aus der Hand.

Tipp Paranüsse enthalten höhere Gehalte an Zink. Dieses Spurenelement ist maßgeblich für die Spermaqualität beim Hahn verantwortlich. Aus diesem Grund sollten Paranüsse vor allem zur Vorbereitung auf die Zuchtperiode eingesetzt werden.

Geeignet für

Groß-papageien	Großsittiche + Kleinpapageien	Wellen-sittiche	Kanarien	Wald- und Finkenvögel	Weichfresser	Ziergeflügel	Prachtfinken
✓*	✓	✓		✓		✓	

* Nicht geeignet für Amazonen und australische weiße Kakadus

Walnuss und Pecannuss

Von den Griechen wurde der Walnussbaum (*Juglans regia*) vor allem wegen des in den Walnüssen enthaltenen Öls geschätzt; bei den Römern galt er sogar als heilig. Auch in anderen Kulturen wurde der Baum lange Zeit verehrt, da er sehr alt wird und viele Generationen überdauert.

Herkunft und Geschichte

Der bereits seit Jahrtausenden kultivierte Walnussbaum war ursprünglich an den Ufern des Kaspischen Meeres sowie in Nordindien heimisch und gelangte mit den Römern nach Europa, wo er seit dem 4. Jahrhundert n. Chr. angepflanzt wird. Heute finden wir ihn in allen mild-gemäßigten Zonen der Erde.

Lagerung

Vor Hitze und Feuchtigkeit geschützt, halten sich Walnüsse mit Schale in einem fest verschlossenen Behälter zwei bis drei Monate. Walnusskerne sollte man im Kühlschrank aufbewahren und schnell verbrauchen, da sie leicht verderblich sind.

Inhaltsstoffe

Neben Kupfer und Magnesium enthalten Walnüsse viel Kalium, Folsäure sowie Vitamin B_1 und B_6, außerdem etwas Phosphor, Eisen, Nikotinsäure, Vitamin B_2 und Pantothensäure.

Verfügbarkeit

Walnüsse sind heute nahezu ein Ganzjahresartikel geworden, wobei die Hauptabsatzzeit bei uns in der Advents- und Weihnachtszeit liegt. Der Großteil der nach Deutschland eingeführten Ware kommt aus Kalifornien; die frisch importierten Nüsse sind ab Oktober im Handel erhältlich.

Fütterungshinweise

Auf Grund ihres hohen Fettgehaltes (ungefähr 60 %) sollten Walnüsse nur gelegentlich als Leckerbissen unseren Papageien angeboten werden. Viele Tiere verschmähen dabei erstaunlicherweise die reinen Walnusskerne, wohingegen sie sich meist gerne Walnusshälften mit Schale anbieten lassen, die sie dann mit Hingabe bearbeiten.

Damit ist auch etwas für den Beschäftigungstrieb der Krummschnäbel getan. Zahmen Papageien gibt man die Walnusshälften am besten aus der Hand. Große Ara- oder Kakaduarten können natürlich auch ganze Walnüsse mit Leichtigkeit knacken. Wegen der potenziellen Verpilzungsgefahr sollte man nur frische Nüsse anbieten, bei denen die Schalenhälften dicht miteinander verbunden sind. Auf Ware ungewisser Herkunft ist vorsichtshalber zu verzichten.

Außerdem...

Auch die nah verwandte, aus den USA stammende Pecannuss (*Carya illinoinensis*) stellt einen besonderen Leckerbissen auf dem Speiseplan der Papageien dar.

Ein Grünflügelara beim kraftvollen Nüsseknacken

Tipp Neben dem höheren Fettgehalt weisen Walnüsse auch mehrfach ungesättigte Fettsäuren auf (hier vor allem Omega 3 und 6-Fettsäuren), die eine entzündungshemmende Wirkung haben. Walnüsse eignen sich daher insbesondere in der Erholungsphase (= Rekonvaleszenz) zuvor erkrankter Vögel.

Geeignet für

Groß-papageien	Großsittiche + Kleinpapageien	Wellen-sittiche	Kanarien	Wald- und Finkenvögel	Weichfresser	Ziergeflügel	Prachtfinken
✓*	✓	✓		✓		✓	

*Nicht geeignet für Amazonen und australische weiße Kakadus

Energie- und Nährstoffgehalte - Obst

	TM (g/kg)	Feuchte (g/kg)	Rp (g/kg uS)	(g/kg TM)	Energie (kJ/kg uS)	(kJ/kg TM)	(kcal/kg uS)	(kcal/kg TM)
Ananas	151	849	4,6	30,5	2420	16026	570	3775
Apfel	151	849	3,4	22,5	2430	16093	570	3775
Apfelsine	143	857	10	69,9	1920	13427	450	3147
Aprikose	147	853	9	61,2	1950	13265	460	3129
Banane	261	739	11,5	44,1	3900	14943	930	3563
Baumtomate (Tamarillo)	140	860	17	121,4	2390	17071	560	4000
Birne	171	829	4,7	27,5	2590	15146	620	3626
Brombeere	153	847	12	78,4	2100	13725	500	3268
Clementine (Mandarine)	135	865	7	51,9	2090	15481	490	3630
Dattel	786	214	18,1	23	11715	14905	2800	3562
Ebereschenbeere	283	717	15	53	3620	12792	850	3004
Erdbeere	105	895	8,2	78,1	1500	14286	350	3333
Feige	198	802	13	65,7	2750	13889	650	3283
Granatapfel	209	791	7	33,5	3340	15981	780	3732
Grapefruit	116	884	6	51,7	1740	15000	400	3448
Guave	165	835	9	54,5	1850	11212	440	2667
Hagebutte	498	502	16	32,1	5880	11807	1400	2811
Heidelbeere	154	846	6	39	1920	12468	450	2922
Himbeere	155	845	13	83,9	1800	11613	420	2710
Holunderbeere	191	809	25,3	132	2290	11990	540	2827
Honigmelone	146	854	9	61,6	2370	16233	560	3836
Johannisbeere (rot)	153	847	11,3	73,9	1660	10850	400	2614
Johannisbeere (schwarz)	187	813	12,8	68,4	2220	11872	530	2834
Johannisbeere (weiß)	158	842	9	57	1290	8165	310	1962
Kaki	204	796	6,4	31,4	3180	15588	760	3725
Kaktusfeige	139	861	10	71,9	1940	13957	460	3309
Kapstachelbeere (Physalis)	175	825	0,23	1,31	3060	17486	720	4114
Karambole	88	912	12	136	1140	12955	270	3068
Kirschen (sauer)	152	848	9	59,2	2320	15263	550	3618
Kirschen (süß)	172	828	9	52,3	2740	15930	660	3837
Kiwano	120	880	18	150	1840	15333	440	3667
Kiwi	170	830	10	58,8	2310	13588	540	3176
Kumquat	161	839	6,5	40,4	2700	16770	640	3975
Litschi	203	797	9	44,3	3280	16158	780	3842
Mango	180	820	6	33,3	2570	14278	600	3333
Mangostane	187	813	6	32,1	3130	16738	740	3957
Maracuja (Passionsfrucht)	242	758	24	99,2	2810	11612	670	2769
Mirabelle	176	824	7,3	41,5	2690	15284	640	3636
Nektarine	167	833	9	53,9	2385	14281	570	3413
Papapya	121	879	5,2	43	1490	12314	350	2893
Pfirsich	127	873	7,6	59,8	1900	14961	460	3622
Pflaume	163	837	4,6	28,2	2180	13374	520	3190
Rhabarber	73	927	6	82,2	820	11233	180	2466
Stachelbeere	128	872	8	62,5	1830	14297	420	3281
Wassermelone	97	903	6	61,9	1600	16495	370	3814
Weintraube	189	811	6,8	36	2980	15767	710	3757

TM = Trockenmasse, d.h. es wird so getan, als sei das Produkt zu 100% trocken; uS = ursprüngliche Substanz (so wie das Produkt angeboten wird, d.h. mit Feuchtegehalt); Rp = Protein; Ca = Calcium; P=Phosphor; Na=Natrium; Vit. A (=Vitamin A)

	Ca		P		Na		Vit. A	
	(g/kg uS)	(g/kg TM)	(g/kg TM)	(g/kg TM)	(g/kg uS)	(g/kg TM)	(IE/kg uS)	(IE/kg TM)
Ananas	0,16	1,06	0,09	0,596	0,021	0,139	1000	6623
Apfel	0,053	0,351	0,11	0,728	0,012	0,079	483	3199
Apfelsine	0,4	2,8	0,2	1,4	0,014	0,098	867	6063
Aprikose	0,16	1,09	0,21	1,43	0,02	0,136	26700	181633
Banane	0,065	0,249	0,22	0,843	0,01	0,038	517	1981
Baumtomate (Tamarillo)	0,12	0,857	0,32	2,29	0,01	0,071	3617	25836
Birne	0,1	0,585	0,11	0,643	0,021	0,123	267	1561
Brombeere	0,44	2,88	0,3	1,96	0,024	0,157	4500	29412
Clementine (Mandarine)	0,33	2,44	0,2	1,48	0,01	0,074	1750	12963
Dattel	0,65	0,83	0,6	0,76	0,35	0,445	1200	1527
Ebereschenbeere	0,42	1,48	0,33	1,17	0,01	0,035	40008	141371
Erdbeere	0,19	1,81	0,25	2,38	0,014	0,133	267	2543
Feige	0,54	2,73	0,32	1,62	0,012	0,061	800	4040
Granatapfel	0,08	0,383	0,17	0,813	0,025	0,12	667	3191
Grapefruit	0,26	2,24	0,16	1,38	0,011	0,095	130	1121
Guave	0,17	1,03	0,31	1,88	0,04	0,242	11600	70303
Hagebutte	1,68	3,37	1,5	3,01	0,04	0,08	43450	87249
Heidelbeere	0,1	0,649	0,13	0,844	0,01	0,065	567	3682
Himbeere	0,4	2,58	0,44	2,04	0,013	0,084	267	1723
Holunderbeere	0,35	1,83	0,57	2,98	0,01	0,052	6001	31419
Honigmelone	0,13	0,89	0,24	1,64	0,17	1,16	33820	231644
Johannisbeere (rot)	0,29	1,9	0,27	1,76	0,016	0,105	417	2725
Johannisbeere (schwarz)	0,46	2,46	0,4	2,14	0,017	0,091	1350	7219
Johannisbeere (weiß)	0,3	1,9	0,23	1,46	0,019	0,12	0	0
Kaki	0,08	0,392	0,25	1,23	0,04	0,196	26700	130882
Kaktusfeige	0,28	2,01	0,27	1,94	0,03	0,216	817	5878
Kapstachelbeere (Physalis)	0,12	0,686	0,39	2,23	n.a.	n.a.	15000	85714
Karambole	0,06	0,682	0,16	1,82	0,02	0,227	634	7205
Kirschen (sauer)	0,08	0,526	0,19	1,25	0,02	0,132	4000	26316
Kirschen (süß)	0,17	0,988	0,24	1,4	0,027	0,157	584	3395
Kiwano	0,13	1,083	0,37	3,08	0,02	0,167	167	1392
Kiwi	0,38	2,24	0,31	1,82	0,028	0,165	717	4218
Kumquat	0,16	0,994	0,44	2,73	0,1	0,621	2900	18012
Litschi	0,093	0,458	0,33	1,63	0,025	0,123	0	0
Mango	0,12	0,667	0,13	0,722	0,05	0,278	20000	111111
Mangostane	0,15	0,802	0,11	0,588	0,01	0,053	n.a.	n.a.
Maracuja (Passionsfrucht)	0,17	0,702	0,57	2,36	0,28	1,16	6600	27273
Mirabelle	0,12	0,682	0,33	1,88	0,004	0,023	3330	18920
Nektarine	0,04	0,24	0,22	1,317	0,09	0,539	2433	14569
Papapya	0,21	1,74	0,16	1,32	0,022	0,182	2730	22562
Pfirsich	0,06	0,472	0,2	1,57	0,013	0,102	1350	10630
Pflaume	0,083	0,509	0,16	0,982	0,017	0,104	6000	36810
Rhabarber	0,66	9,04	0,22	3,01	0,02	0,274	1020	13973
Stachelbeere	0,29	2,27	0,3	2,34	0,02	0,156	1830	14297
Wassermelone	0,07	0,722	0,09	0,928	0,01	0,103	4080	42062
Weintraube	0,12	0,635	0,19	1,01	0,02	0,106	550	2910

Energie- und Nährstoffgehalte – Gemüse

	TM (g/kg)	Feuchte (g/kg)	Rp (g/kg uS)	Rp (g/kg TM)	Energie (kJ/kg uS)	Energie (kJ/kg TM)	Energie (kcal/kg uS)	Energie (kcal/kg TM)
Aubergine	74,0	926	12,4	168	950	12838	240	3243
Blumenkohl	90,0	910	24,6	273	1180	13111	290	3222
Bohnen (trocken)	897	103	209	233	11890	13255	2830	3155
Bohnen (gekocht)	266	734	74,5	280	3810	14323	910	3421
Brokkoli	115	885	37,8	329	1440	12522	350	3043
Champignon	70,0	930	41,1	587	840	12000	190	2714
Chicoree	59,0	941	12,2	207	810	13729	200	3390
Chilichote, getr.	940	60,0	116	123	11129	11839	2660	2830
Erbsen (Schote+Samen)	248	752	65,5	264	3760	15161	880	3548
Feldsalat	96	904	18,4	192	700	7292	160	1667
Fenchel (Knolle)	76,0	924	14,0	184	970	12763	240	3158
Gurke	40,0	960	6,00	150	550	13750	130	3250
Kartoffel	222	778	20,4	91,9	3160	14234	740	3333
Knollensellerie	114	886	15,5	136	1100	9649	260	2281
Kohlrabi	84,0	916	19,4	231	1160	13810	270	3214
Kopfsalat	57,0	943	11,9	209	600	10526	140	2456
Kürbis	90,0	910	11,0	122	1220	13556	280	3111
Linse (trocken)	886	114	234	264	12810	14458	3030	3420
Mais	888	112	86,6	97,5	14470	16295	3420	3851
Mangold	78,0	922	21,3	273	580	7436	150	1923
Möhre	118	882	9,80	83,1	1380	11695	330	2797
Paprika	59,0	941	10,8	183	1090	18475	260	4407
Pastinake	225	775	13,1	58,2	2660	11822	620	2756
Petersilie (Blatt)	181	819	44,3	245	2470	13646	590	3260
Petersilie (Wurzel)	162	838	28,8	178	1690	10432	400	2469
Porree	139	861	21,4	154	1200	8633	300	2158
Rettich	74,0	926	10,5	142	850	11486	200	2703
Rosenkohl	150	850	44,5	297	1870	12467	450	3000
Rote Bete	138	862	15,3	111	1950	14130	470	3406
Rucola	83,0	917	26,0	313	1190	14337	270	3253
Schnittlauch	167	833	35,8	214	1150	6886	270	1617
Spargel	69,0	931	19,6	284	860	12464	200	2899
Spinat	88,0	912	28,1	319	910	10341	210	2386
Stangensellerie	72,0	928	12,0	167	840	11667	210	2917
Steckrübe	107	893	11,6	108	1460	13645	350	3271
Süßkartoffel	308	692	16,3	52,9	4840	15714	1140	3701
Tomate	58,0	942	9,50	164	810	13966	190	3276
Zucchini	66,0	934	20,3	308	930	14091	220	3333
Zwiebel	88,0	912	11,8	134	1300	14773	320	3636

	Ca		P		Na		Vit. A	
	(g/kg uS)	(g/kg TM)	(g/kg TM)	(g/kg TM)	(g/kg uS)	(g/kg TM)	(IE/kg uS)	(IE/kg TM)
Aubergine	0,120	1,62	0,210	2,84	0,041	0,554	717	9689
Blumenkohl	0,220	2,44	0,490	5,44	0,130	1,44	167	1856
Bohnen (trocken)	1,13	1,26	4,14	4,62	0,035	0,039	6668	7434
Bohnen (gekocht)	0,360	1,35	1,49	5,60	0,007	0,026	n.a.	n.a.
Brokkoli	0,580	5,04	0,630	5,48	0,230	2,00	2384	20730
Champignon	0,110	1,57	1,29	18,4	0,075	1,07	167	2386
Chicoree	0,260	4,41	0,260	4,41	0,040	0,678	3300	55932
Chilichote, getr.	0,940	1,00	2,46	2,62	0,430	0,457	9.520	10128
Erbsen (Schote+Samen)	0,260	1,05	1,18	4,76	0,020	0,081	7035	28367
Feldsalat	0,350	3,65	0,490	5,10	0,040	0,417	65013	677219
Fenchel (Knolle)	0,380	5,00	0,510	6,71	0,270	3,55	2334	30711
Gurke	0,160	4,00	0,150	3,75	0,030	0,750	6218	155450
Kartoffel	0,062	0,279	0,500	2,25	0,027	0,122	87,0	392
Knollensellerie	0,500	4,39	0,690	6,05	0,770	6,75	250	2193
Kohlrabi	0,590	7,02	0,500	5,95	0,200	2,38	3334	39690
Kopfsalat	0,210	3,68	0,230	4,04	0,074	1,30	18337	321702
Kürbis	0,220	2,44	0,440	4,89	0,031	0,344	9720	108000
Linse (trocken)	0,650	0,734	4,08	4,60	0,066	0,074	1667	1881
Mais	0,083	0,093	2,13	2,40	0,060	0,068	15390	17331
Mangold	1,03	13,2	0,390	5,00	0,900	11,5	3180	40769
Möhre	0,350	2,97	0,360	3,05	0,620	5,25	8350	70763
Paprika	0,100	1,69	0,210	3,56	0,015	0,254	8800	149153
Pastinake	0,470	2,09	0,820	3,64	0,080	0,356	333	1480
Petersilie (Blatt)	1,79	9,89	0,870	4,81	0,370	2,04	86700	479006
Petersilie (Wurzel)	0,390	2,41	0,570	3,52	0,120	0,741	500	3086
Porree	0,630	4,53	0,490	3,53	0,040	0,288	12300	88489
Rettich	0,410	5,54	0,360	4,86	0,150	2,03	157	2122
Rosenkohl	0,350	2,33	0,840	5,60	0,092	0,613	7890	52600
Rote Bete	0,160	1,16	0,440	3,19	0,580	4,20	183	1326
Rucola	1,60	19,3	n.a.	n.a.	0,270	3,25	23340	281205
Schnittlauch	1,29	7,72	0,750	4,49	0,030	0,180	5000	29940
Spargel	0,260	3,77	0,440	6,38	0,043	0,623	8600	124638
Spinat	1,17	13,3	0,460	5,23	0,690	7,84	5280	60000
Stangensellerie	0,800	11,1	0,480	6,67	1,25	17,4	48340	671389
Steckrübe	0,480	4,49	0,310	2,90	0,100	0,935	1650	15421
Süßkartoffel	0,220	0,714	0,390	1,27	0,040	0,130	132000	428571
Tomate	0,089	1,53	0,220	3,79	0,033	0,569	1667	28741
Zucchini	0,250	3,79	0,290	4,39	0,030	0,455	3000	45455
Zwiebel	0,220	2,50	0,330	3,75	0,027	0,307	115	1307

Papageien, Sittiche, Finken

Bei Papageien, Sittichen und Finken können sowohl Obst als auch Gemüse sowie Nüsse angeboten werden. Dabei ist die Größe des Schnabels mitunter entscheidend für die Darreichungsform. In der Regel sind alle Ziervögel in der Lage, von Früchten wie auch Gemüse kleine Bissen abzunehmen. Von Salaten können ganze Blätter angeboten werden, selbst Zebrafinken sind in der Lage, davon zu fressen. Gleiches gilt für Äpfel, auch hiervon können kleine Bissen genommen werden. Anders sieht es aus, wenn ganze Himbeeren oder Physalis angeboten werden. Hier sind die Vögel mitunter nicht in der Lage, durch die Fruchtschale hindurch zu kommen.

Wellensittich bei Genuß einer geschnittenen Gurke

Teilweise wird das Angebot aber auch durch das stark konservative Verhalten einiger Vögel eingeschränkt. Ein „kenn ich nicht“ führt oftmals zu einem „fress ich nicht“. Hier sollte behutsam versucht werden, immer wieder kleine Mengen anzubieten. Legen Sie das Obst oder Gemüse auch gerne auf die Sämereien im Futternapf. Beim Bestreben, an die Sämereien heranzukommen, sind die Vögel gezwungen, sich mit dem angebotenen Obst bzw. Gemüse auseinanderzusetzen (und sei es zunächst nur, um es aus dem Napf zu werfen).

Durch das Angebot von Obst und Gemüse werden Defizite der Sämereienmischung ausgeglichen. So enthalten viele Gemüse und Obstsorten nicht unerhebliche Gehalte an Mineralstoffen, die in den Samen und Saaten in nicht ausreichenden Mengen enthalten sind. Auch der Gehalt an Vitaminen kann zu einem sinnvollen Ausgleich führen. So enthalten Möhren und grüne Gemüse höhere Gehalte an Provitamin A, welche das allgemein bestehende Vitamin A-Defizit der Samen und Saaten (Ausnahme: Maiskörner) ausgleichen.

Bei Angebot von Obst sind nach spätestens 12 Stunden die Reste aus dem Napf sowie vom Boden zu entfernen. Obst enthält beträchtliche Mengen an Zucker und unterliegt daher einem raschen mikrobiologischen Verderb.

Salate können bei Papageien, Sittichen und Finken eingesetzt werden. Man sollte sich vor Augen halten, dass damit aber in erster Linie Flüssigkeit aufgenommen wird (Salate enthalten 85-90% Wasser). Andererseits wird durch den hohen Wassergehalt auch der Energiegehalt im Salat sehr niedrig gehalten, weshalb sich Blattsalate insbesondere bei Vögeln eignen, die leicht zur Verfettung neigen bzw. sogar abnehmen müssen.

Loris

Loris haben einen im Vergleich zu Körnerfressern geringeren Proteinbedarf, der mit rund 10-11% angegeben werden kann. Da Gemüse in der Regel deutlich höhere Proteingehalte aufweisen (s. Tabelle Energie- und Nährstoffgehalte, Seite 142-143) würde das Angebot rasch zu bedarfsüberschreitenden Mengen und damit auch zu einer Belastung der Nieren führen. Demgegenüber weisen

Gebirgslori

die verschiedenen Obstsorten hingegen Proteingehalte auf (z.B. enthalten Äpfel rund 10 % Protein), die den Anforderungen der Tiere entsprechen.

Aus diesem Grund enthalten die meisten Rezepturen für Loris auch nicht unerhebliche Mengen an Obst. Üblicherweise wird dabei ein sogenannter Loribrei angeboten, d.h. das Futter hat eine breiige, oftmals sogar flüssige Konsistenz. Dieser Brei kann von den Loris mittels einer Pinselzunge aufgenommen werden. Der hohe Flüssigkeitsgehalt dieses Breis hat aber unweigerlich zur Folge, dass auch die Exkremente der Loris entsprechend flüssig ausfallen. Diese Konsistenz der Ausscheidung hat dazu geführt, dass Loris nicht unbedingt zu den beliebtesten Stubenvögeln gehören. Die Konsistenz kann aber wesentlich verbessert werden, wenn das Obst statt in flüssiger Form im originären Zustand angeboten wird. So sind Loris in der Lage, mit der Pinselzunge von einem halbierten Apfel genügend Fruchtmasse aufzunehmen. Zudem sind die Vögel durch diese Darreichungsform auch wesentlich länger mit der Futteraufnahme beschäftigt.

Weichfresser

Die Spezies dieser Gruppe zeigen sehr unterschiedliche Nahrungsmuster. So sind hier vornehmlich frugivore (Fruchtfresser), insektivore (Insektenfresser) und nectarivore (Nektarfresser) Vertreter anzutreffen. Bei vielen Weichfressern (v.a. den überwiegend obstfressenden Vögeln) sind die Exkremente infolge des höheren Wassergehaltes der Früchte sehr dünnflüssig.

Weichfresser haben einen im Vergleich zu Körnerfressern geringeren Proteinbedarf, aus diesem Grunde eignen sich für den Speiseplan vornehmlich die verschiedenen Obstsorten. Diese werden in reifem, weichem Zustand besonders gerne genommen. Dabei ist jedoch darauf zu achten, dass die Früchte in diesem Zustand rasch verderben (Hefen lieben Substrate mit höheren Zuckergehalten), weshalb immer nur kleine Mengen, diese aber mehrmals am Tag anzubieten sind. Nicht gefressene Futterreste sind alsbald zu entfernen. Da die meisten Obstsorten nur mäßige Mineralstoffgehalte haben, ist immer ein Mineralfutter anzubieten. Dieses lässt sich mit weichen Früchten jedoch sehr gut mischen und damit leicht „in den Vogel bringen". Da viele Weichfresser auch Insekten nehmen, können diese auch mit dem Mineralfutter „gepudert" werden.
Für Weichfresser lassen sich die Früchte auch als „Kompott" (mit gröberen Stückchen) einzeln oder in Mischung für die Wintermonate einkochen.

Schuppenwachtel

Ziergeflügel

Da sich Ziergeflügel überwiegend am Boden aufhält, wird auch das Futter hier angeboten. Das hat zur Folge, dass Obst und Gemüse mitunter durch die gesamt Voliere getragen werden. Wie oben bereits angefügt, neigt Obst zum raschen Verderb. Es sollte daher nur so viel angeboten werden, wie die Tiere auch innerhalb kürzester Zeit aufnehmen können. Hinzuweisen ist zudem darauf, dass in vielen Volieren ein Naturboden vorhanden ist. Da Obst allgemein einen höheren Flüssigkeitsgehalt hat, werden die Obststücke mit Sand regelrecht paniert. Eine höhere Sandaufnahme wäre die Folge, die zu Irritationen im Verdauungstrakt, mitunter verbunden mit schweren Verdauungsstörungen, führen kann. Aus diesem Grund eignen sich beim Ziergeflügel in erster Linie verschiedene Gemüsesorten. Hinzu kommt, dass Ziergeflügel oftmals auch nach dem Gefieder beurteilt wird. Dieses hängt in erster Linie von der Eiweißzufuhr (und damit Zufuhr an Aminosäuren) sowie der Versorgung mit Kupfer und Zink ab, alles Nährstoffe, die in erster Linie im Gemüse zu finden sind.
Zu erwähnen sind im Gemüse auch das Provitamin A sowie die Chlorophylle, die zu einer intensiven Färbung des Eidotters führen.

Neben der Darreichungsform in Stücken über eine flache Schale, kann auch ein ganzer Kopf an Salat an einer Schnur befestigt frei pendelnd über dem Boden aufgehängt werden, um die Tiere neben der Versorgung mit essentiellen Nährstoffen auch mit der Futteraufnahme zu beschäftigen und so Langeweile, welche zu Verhaltensstörungen führen kann, vorzubeugen.

Darreichungsformen (inkl. Smoothies)

Die einfachste Darreichungsform ist – ebenso wie in der Natur – die Früchte als Ganzes anzubieten. Das hätte aber vielfach einen Luxuskonsum zur Folge. Viele Vögel würden ein Stück abbeißen und dann den Rest zu Boden fallen lassen. Wie wir aber bereits ausgeführt haben, neigen zuckerhaltige Früchte zu einem raschen Verderb (insbesondere Hefen). Würden die Vögel die Früchte später vom Boden aufnehmen und erneut fressen, wären Gesundheitsstörungen nicht auszuschließen.

Aus diesem Grund empfiehlt es sich, Obst und Gemüse in kleine Stücke zu schneiden und quasi als Obst- oder Gemüsesalat anzubieten. Da Früchte einen hohen Säureanteil haben, empfiehlt es sich, die Arbeitsplatte in der Küche mit einem Arbeitsbrett oder einer Arbeitsplatte zu schützen.

Bei einigen Obstsorten muss vor dem Zerkleinern zudem die Schale entfernt werden. Das ist nicht vonnöten, wenn es sich um Bioqualität handelt.

Überwiegend wird Obst und Gemüse in frischem Zustand angeboten. Zur Bevorratung kann Obst aber auch in feine Streifen geschnitten und schonend im Backofen getrocknet werden. Kleinere Früchte wie zum Beispiel Heidelbeeren oder Physalis können als Ganzes getrocknet werden; stechen Sie die Früchte hierzu mehrfach mit einem Zahnstocher an.

Für Weichfresser lassen sich Früchte einzeln oder in Mischungen zu einem sogenannten Kompott verarbeiten und einkochen.

Gemüse kann hingegen, nachdem es vorsichtig blanchiert würde, eingefroren gelagert werden. Bei diesem Blanchieren wird das Gemüse für 1–5 Minuten in kochendes Wasser gegeben und anschließend mit eiskaltem Wasser abgeschreckt. So bleibt das Gemüse knackig-bissfest und behält seine Farbe sowie die gesundheitsfördernden Inhaltsstoffe.

Im Sommer sind bei den Vögeln zur Erfrischung sogenannte „Eisbomben" beliebt. Füllen Sie einen Joghurtbecher oder ein anderes Gefäß, welches Sie später zerschneiden können, mit ein wenig Wasser und geben Sie kleinere Früchte oder Fruchtstücke hinzu (das Wasser sollte die Früchte gerade bedecken): Frieren Sie das Ganze ein. Mit dieser Vorgehensweise füllen Sie das Gefäß nach und nach. In die letzte Schicht stellen Sie zudem einen kleinen Holzstil (Eisstiel, Obstbaumast). Legen Sie hierzu eine runde Pappscheibe mit einem Loch in der Mitte, in das Sie den Holzstiel stellen, über den Joghurtbecher. Ist alles gefroren, können Sie den Joghurtbecher von der Eisbombe lösen (evtl. kurz unter warmes Wasser halten) und diese mittels Stiel aufhängen.

Bedenken Sie bitte, dass Wasser heruntertropft. Suchen Sie daher eine geeignete Stelle aus. Diese Form des Angebots stellt zwar Arbeit dar, aber Sie

werden sehen, es lohnt sich. Der Vogel ist wesentlich länger mit der Futteraufnahme beschäftigt. Da das Eis auch erst schmelzen muss, wird Frucht für Frucht gefressen. Zudem hat das Eis natürlich den Vorteil, dass die Früchte gekühlt länger frisch bleiben und es gerade im Hochsommer nicht zu einem Verderb kommt.
Eine weitere Form der Darreichung sind Smoothies. Dieser Begriff stammt vom englischen „smooth" ab, was soviel wie glatt, geschmeidig oder weich bedeutet. Frei übersetzt wird oftmals auch von „Weichsaft" oder „Püreesaft" gesprochen.

Im Gegensatz zu Fruchtsäften wird bei den Smoothies die ganze Frucht, teilweise auch die Schale mit verarbeitet. Manche Smoothies bestehen nur aus Frucht. Andere bestehen aus Wasser, Blattgemüse und Garten- oder Wildkräutern und werden aufgrund ihrer Farbe auch als „Grüne Smoothies" bezeichnet.

Smoothies können Sie im Eiswürfelbehälter einfrieren, so haben Sie immer eine kleine Portion zur Hand. Statt herkömmlichen Wassers kann auch Kokosmilch oder Kokoswasser verwendet werden.

Rezepte

Heidelbeer – Spinat – Smoothie

2 Handvoll Blattspinat
150 g Heidelbeeren
300 ml Kokoswasser — enthält 30 kcal/100 ml

Hintergrund: Heidelbeeren enthalten viel Pektin, welches die Magen-Darm-Flora stabilisiert. Der hohe Anteil an Gerbsäuren hat zudem eine entzündungshemmende Wirkung.

Brokkoli – Smoothie

1 Apfel
100 g Brokkoli
½ Zitrone
250 ml Wasser — enthält 25 kcal/100 ml

Hintergrund: Das Vitamin C aus Zitrone und Brokkoli unterstützt das Immunsystem. Der Zinkgehalt gleicht das Defizit üblicher Sämereienmischungen aus.

Gurken – Smoothie

1 Apfel
1 Kiwi
200 g Salatgurke
150 ml Wasser — enthält 45 kcal/100 ml

Hintergrund: Die wertvollen Vitamine und Mineralstoffe stecken in der Schale der Gurke, daher bitte Bioqualität kaufen oder Gurken aus dem eigenen Garten verwenden und nicht schälen. Gurke enthält Peptidasen. Diese Enzyme spalten Eiweiß und unterstützen somit die Verdauung.

Literaturverzeichnis

Aeckerlein, W. (1986): Die Ernährung des Vogels. Stuttgart.

Anonymus (1998): Das große Lexikon der Lebensmittel. München.

Bavelaar, F.J., Beynen, A.C. (2003): Severity of atherosclerosis in parrots in relation to the intake of a-linolenic acid. Avian Diseases 47: 566 - 577

Blancke, R. (2000): Farbatlas exotische Früchte, Obst und Gemüse der Tropen und Subtropen. Stuttgart.

Brockner, A. (1997): Wildfrüchte als Futter für Papageien. Papageien 10: 241 - 243.

Colditz, G. (1997): Exotisches Obst und Gemüse für die Küche. 2. Aufl. Stuttgart.

Colditz, P., Coldit, G.z (1991): Kiwi, Litschi und Melone. Stuttgart.

Cowan, J.W., Sakr, A.H., Shadarevian, S.B., Sabry, Z.I. (1963): Composition of edible wild plants of Lebanon. J. of Science of Food and Agriculture 14: 484 - 488

Cudlipp, E. (1984): Vitamine und Minerale. Ravensburg.

Daßler, E., Heitmann, G. (1991): Obst und Gemüse – eine Warenkunde. Berlin, Hamburg.

Downs, C.T. (1997): Sugar preference and apparent sugar assimilation in the red lory. Aust. J. Zool. 45, 613 - 619

Earle, K.E., Clarek, N.R. (1991): The nutrition of the budgerigar (Melopsittacus undulatus). J. of Nutrition 121: 186 - 192

Ebermann, R., Elmadfa, I. (2008): Lehrbuch der Lebensmittelchemie und Ernährung. Wien, New York, Springer, 1427

Frankel, T.L., Avram, D. (2001): Protein requirements of rainbow lorikeets, Trichoglossus haematodus. Aust. J. Zool. 49, 435 - 443

Ginsberg, C. (1992): Vorsicht bei Sojaprodukten. Gefiederte Welt 116: 207.

Hofmann, I. & S. Carlsson: Vitamintabelle. München.

Hubert, W., Reith, H. (1992): Obst & Gemüse aus aller Welt. München.

Ingram, C. (1998): Das Gemüsebuch. Köln.

Klasing, K.C. (1998): Comparative Avian Nutrition. CAB International (Wallingford), 350 S.

Kleefisch, T. (2000): Vergiftungen durch Avocados. Gefiederte Welt 124: 105.

Klock, P. (1990): Früchte, Gemüse und Gewürze aus dem Süden. München.

Kolb, E. (1992): Störungen durch einen Mangel bzw. einen Überschuss an Vitaminen. Gustav Fischer, Jena, Stuttgart, 491 - 539

Kranz, B. (1997): Früchte - der gesunde Genuss. München.

Kummerfeld, N. (1989): Avokado-Vergiftung bei Ziervögeln. Die Voliere 12: 239.

Künne, H.-J. (1994): Die Ernährung der Papageien. Die Voliere 17: 149 - 157.

Künne, H.-J. (1998): Sind Beeren und Nüsse als Wellensittichfutter geeignet? WP-Magazin 4 (4): 6 - 11.

Künne, H.-J. (2000a): Die Ernährung der Papageien und Sittiche. Bretten.

Künne, H.-J. (2000b): Leckerbissen für Papageien. WP-Magazin 6 (3): 47 - 48.

Künne, H.-J. (2000c): Futterpflanzen im Sommer. WP-Magazin 6 (4): 47 - 49.

Künne, H.-J. (2000d): Vogelfutterpflanzen im Herbst. WP-Magazin 6 (5): 26 - 27.

Liebster, G., Levin, H.-G. (1999): Warenkunde Obst und Gemüse. Band 1 – Obst. Weil der Stadt.

Lötschert, W. & G. Beese (1992): Pflanzen der Tropen. München.

Low, R. (2000): Früchte und Beeren von Hecken – ein wichtiger Bestandteil der Ernährung unserer Vögel. Gefiederte Welt 124: 96 - 97.

Low, R. (2001): Abwechslungsreiches Obstangebot für unsere Papageien. Gefiederte Welt 125: 11 - 13.

Mäder, B. (1994): Vitamine, Mineralstoffe, Enzyme & Co. Küttigen.

Meißner, M. (1992): Wildbeeren für exotische Vögel. Gefiederte Welt 116: 28 - 29.

Muth, B. (1992): Zur Ernährung empfindlicher Weichfresser. Voliere 12: 377

Nowak, B., Schulz, B. (1998): Tropische Früchte. München.

Oberbeil, K., Lentz, C. (1996): Obst und Gemüse als Medizin. München.

Pagel, T. & B. Marcordes (2011): Exotische Weichfresser. Stuttgart.

Pittman, T. (1994): Über die Ernährung der Anodorhynchus-Arten im Freileben. Papageien 7: 54 - 56.

Reinschmidt, M. (2000): „Trennkost" für Papageien und Sittiche. Papageien 13: 420 - 423.

Rias-Bucher, B. (1998): Exotisches Gemüse. München.

Rias-Bucher, B. (1999): Einheimisches Gemüse. München.

Ruiter, M. de (1992): Vorsicht beim Verfüttern von Avocados. Gefiederte Welt 116: 329.

Ruske, K. (2008): Haltungsempfehlungen für Fruchttauben – Eine vergleichende Studie zur Verbesserung der Zuchtergebnisse zwischen Zoologischen Gärten und Privatzüchtern.

Schallenberg, K.-H. (1998): Wildpflanzen als Nahrung für Papageien. Papageien 11: 236 - 240

Schnabl, H. (1980): Unkräuter, Kulturpflanzen und tierische Schädlinge als Vogelfutter. Die Voliere 3: 58 - 63.

Schnabl, H. (1998): Vogelfutterpflanzen. Bretten.

Souci, S.W., Fachmann, W., Kraut, H., Schertz, H., Senser, F. (2000): Die Zusammensetzung der Lebensmittel. Medpharm Scientific Publishers (Stuttgart), 1182 S.

Tang, K., Rowland, G., Veltmann, J. (1985): Vitamin A toxicity: Comparative changes in bones. Avian Dis. 29:416 - 429

Veit, E. (1999): Marktfrisch genießen. München.

Vít, R. (1993): Zu: Vorsicht bei Sojaprodukten. Gefiederte Welt 117: 141.

Wapelhorst, F.X. (2014): Untersuchungen zur Aufnahme und Bedeutung von Beifutter für die Nährstoffversorgung granivorer Ziervogelspezies (Kanarienvögel, Wellensittiche, Rosenköpfchen). Diss. Med. Vet., Hannover

Wilhelm, P.G. (1985): Obst im Garten. Stuttgart.

Whiteman, K., Mayhew, M. (1999): Enzyklopädie der Früchte. Köln.

Wolf, P., Kamphues, J. (1994): Konsequenzen aus dem arttypischen Futteraufnahmeverhalten verschiedener Ziervögel. DVG-Tagungsbericht der IX: Tagung über Vogelkrankheiten, München, 3. - 4. März 1994, 39 - 42

Wolf, P., Kamphues, J. (2000): Zum Hygienestatus von Futtermitteln für Ziervögel. Kleintierpraxis 45: 849 - 856

Wolf, P., Kamphues, J (2011): Ernährung von Ziervögeln – zwischen Tradition, Empirie und Wissenschaft. Gefiederte Welt 1: 22 - 25

Wolf, P., Wentker, M., Kamphues, J. (2007): Papageien – Status quo der gängigen Fütterungspraxis. Kleintierkonkret. 5(6): 19 - 23

Würth, V. (1998): Die Ernährung der Schmalschnabelsittiche in Menschenobhut. Papageien 11: 340 - 344.

Würth, V. (1999): Ernährung von Agaporniden. WP-Magazin 5 (6): 46 - 47.

Würth, V. (2000): Obst – der gesunde Genuss. WP-Magazin 6 (4): 6 - 11.

Würth, V. (2001): Obst, Gemüse und exotische Früchte für Papageien und Sittiche. Bretten.

Wuest, E. (2016): Haltungs- und fütterungsbedingte Erkrankungen beim Graupapagei. Kleintier. konkret S2, 40 - 45

Wullschleger Schättin, E. (2008): Wellensittiche verstehen und artgerecht halten. Nature Themes (Zürich), 254 S.

Wyndham, E. (1980): Environment and food of the budgerigar, Melopsittacus undulatus. Aust. J. Ecol. 5: 47 - 61

Register

Bildnachweis

Titelbilder von: Oliver Giel (Hauptbild Graupapagei und Wellensittich) sowie James Wainscoat/Unsplash (Vogel an Banane) und Michael Volk (Wachtel, Foto links unten klein)
Porträtbilder Sorten: Die Bilder der Obst- und Gemüsesorten sowie Nüsse stammen von Volker Oertel, soweit nicht anders gekennzeichnet.
Weitere Fotos, soweit nicht unmittelbar beim Bild aufgeführt: Pixabay
Weitere Bilder im Buchverlauf: S. 7 David Clode (Unsplash), S. 8, 9 und 10 (Palmkakadu mit Walnuss) Pixabay, S. 15 Horst Mayer, S. 16 (Großpapagei) Jairo Alzate (Unsplash), S. 16 (Nymphensittich) Pixabay, S. 17 (Großsittich) Pixabay, S. 17 (Kleine Papageien) Pixabay, S. 17 (Wellensittiche) Pixabay, S. 17 (Kanarien) Pixabay, S. 17 (Wald- und Finkenvögel) Pixabay, S. 17 (Weichfresser) Magdalena Kula Manchee (Unsplash), S. 17 (Ziergeflügel) Pixabay, S. 17 (Prachtfinken) Pixabay, S. 18 und 19 Pixabay, S. 21 Pixabay, S. 23 Lewis Meyers (Unsplash), S. 25 Pixabay, S. 27 Sid Balachandran (Unsplash), S. 30 Oliver Giel, S. 36 Juan Camilo Gurain (Unsplash), S. 40 Pixabay, S. 43 Carlos de Almeida (Unsplash), S. 59 Pixabay, S. 63 Sanjoy Saha (Unsplash), S. 70 Pixabay, S. 73 David Clode (Unsplash), S. 75 MM Stations (Unsplash), S. 76 und 77 Pixabay, S. 80 Pixabay, S. 88 Pixabay, S. 93 Horst Mayer, S. 103 Oliver Giel, S. 104 Pixabay, S. 107 Horst Mayer, S. 109 Horst Mayer, S. 111 Horst Mayer, S. 112 Pixabay, S. 116 Pixabay, S. 118 Pixabay, S. 120 Pixabay, S. 123 Diana Eberhardt, S. 128+129 Pixabay, S. 134 David Clode (Unsplash), S. 136 Pixabay, S. 139 Pixabay, S. 144 Diana Eberhardt, S. 145 Pixabay, S. 146 Michel Volk, S. 147 Diana Eberhardt, S. 148 Diana Eberhardt

Impressum

Volker Oertel, Prof. Dr. Petra Wolf

Früchte, Gemüse & Nüsse
Superfood für Papageien, Sittiche, weitere Ziervögel + Ziergeflügel
Praktische Fütterung, Einsatz, Wirkungsweise, Nährstoffe

1. Auflage (2022)
Arndt-Verlag e. K., Bretten
ISBN 978-3-945440-85-8

Satz, Layout, Bildbearbeitung: Birgit Ender
Sprachlektorat: Dr. Rainer Noske
Fachlektorat: René Wüst
Gedruckt in der EU

Danke an Bernd Marcordes und René Wüst für Tipps und Ratschläge insbesondere bei den praktischen Fütterungshinweisen.